大妻ブックレット ④

AIのキホン

人工知能のしくみと活用

市村哲［著］

目　　次

まえがき

ここ数年AI（人工知能）についての話題を耳にすることが増えてきました。現在はAIの第3次ブームにあると言われています。本屋に行けば、ビジネス書のコーナーに置かれているものもあれば、技術書のコーナーに置かれているものも数多くあります。

この本は、AIの入門書です。「AIとは何か知りたい」、「AIが何に役立つのか知りたい」、「AIを実際に活用してみたい」という方を対象に執筆しました。そしてAIの概要や基礎的な内容をできるだけわかりやすく説明することに努めました。

しかし、そのような入門書は他にもたくさんあるでしょう。では、今までの本と何が違うのでしょうか？

この本のベースになっているのは、著者がこれまでに高校生向け体験授業や、大学1年向け演習授業で実際に行ってきたAIシステムのデモンストレーションです。小さな人工知能プログラムを実際にその場で動かして、人工知能を体験してもらう内容です。すなわち、内容が具体的で体感できるものであるというのが本書の特徴です。実際にデモンストレーションを見た生徒さんや学生さんからは、「AIに興味が湧いた」、「AIが何かわかった気がする」という多くの感想をいただいています。

あなたもAIに何らかの興味があってこの本を手にとられたと思います。どのような本をお探しでしょうか？　本書を読めば「従来のコンピューターシステムとAIシステムは何が違うのか」、「自分でAIを使ってみたいがどうすればよいのか」、「AIを作ってみたいが何から始めればよいのか」などがおわかりいただけるかと思います。

本書は次の３部構成になっています。

- 第１部は「**AI の基礎**」です。小さな人工知能プログラムを動かすデモンストレーションを通じて AI がどのようなものかを体感していただきます。そして、この体験から何が得られるかについて、ぜひ期待していただきたいと思います。
- 第２部は「**AI の応用**」です。著者の研究室でこれまでに開発した２つの AI システムを通して、実践的な AI システムに触れていただきます。１つ目はスマートフォンで動く AI アプリです。スマートフォンに搭載されたセンサーを利用して動作します。2つ目は自然言語を扱う AI システムです。利用者の好みを診断して旅行先を推薦してくれるアプリとなっています。
- 第３部は「**AI と私たちの暮らし**」です。本書のタイトルにもなっていますが、私たちの身近にある AI システムの実例を紹介します。「スマートスピーカー」、「掃除ロボット」、「自動運転」といった身近な話題や、AI の進化過程、また、福祉・介護・医療など今後 AI で変わる私たちの暮らしについてお話します。

本書の内容をざっと理解したい方、すなわち「AI が何か知りたい」「AI が何に役立つのか知りたい」という方は、第１部と第３部だけを読まれてもよいと思います。さらに、「AI を実際に活用してみたい」「できれば自分でも AI システムを作ってみたい」という方は、第２部もご一読ください。

この本を読んだあと、一人でも多くの読者が AI についてさらなる興味を持っていただければ幸いです。

第1部

AIの基礎

では早速ですがAI（人工知能）システムのデモを見ていただきましょう。でもその前にまず過去のAIと新しいAIの違いを知っておいてください。デモをするのは新しいAIです。

1.1 “新しい”AI

過去のAIは「エキスパートシステム」あるいは「知識ベース」と呼ばれるもので、人間の専門家の知識をコンピューターにできるだけ多く入力しておいて問題解決時に利用するという人工知能です。主に人工知能の第2次ブーム（1980年代から1995年頃まで）の時に開発されました。重要なのは専門家の知識をたくさんコンピューターに登録しておくことでした。問題ごとにそれを解決する知識（アルゴリズムや数式など）は違いますが、人間の専門家から聞いてできるだけ多くコンピューターに登録しました。人間が賢くないと人工知能は賢くなりません。

一方、新しいAIは「ニューラルネット」あるいは「ディープラーニング」と呼ばれるもので、人間の脳の仕組みをコンピューター上に再現して、コンピューターに考えさせようとする人工知能です。現在主役となっているAIはこちらです。コンピューター自身が学習して知識を獲得し、それを問題解決に利用します。すなわち、人間の知識を集めることは重要ではなく、その知識と元になるデータをたくさん集めて人工知能に入力することが重要となります。与えられたデータを元に人工知能が自分自身で知識を獲得して賢くなります。

ここからの話は、新しいAIであるニューラルネットあるいはディープラーニングについてお話します。

人間の脳には約1,000億個の神経細胞（ニューロン）が集まっていると言われます。そして神経細胞はシナプスと呼ばれる結び目によって接続されており、このシナプスが記憶や学習の場であると言われます（図1参照）。神経細胞がシナプスによってネットワーク状に接続されていることから、それをコンピューター上に模擬的につくった人工知能はニューラルネットと呼ばれます。

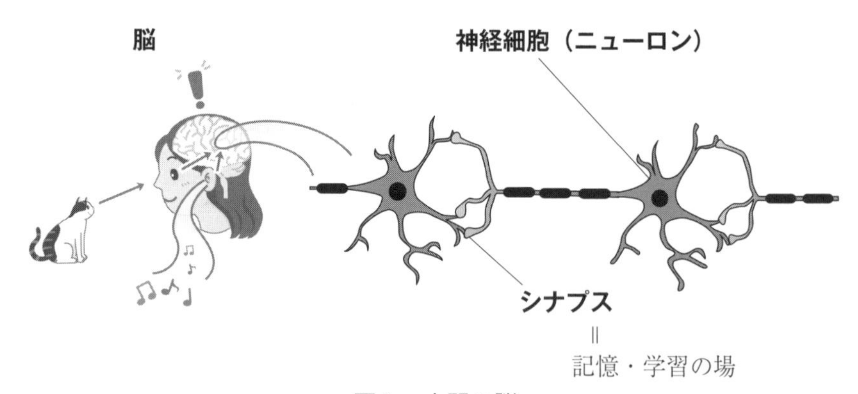

図1　人間の脳

人間が物事を見たり聞いたりするとそれが学習されて記憶として脳に残りますが、2歳までは学習したことで新しい結び目（シナプス）が作られます。2歳を過ぎると新しいシナプスが作られることはありませんが、見たもの聞いたものによってシナプスを通る電気の流れ方（神経細胞間の情報伝達効率）が徐々に変わります。そうして過去のある時点で活発だった神経細胞のつながりが、再び活性化することで記憶が呼び出されます。たとえば珍しい猫を見てある神経細胞間の経路が活発になったとします。次にその猫を見た時にその経路に多くの電気信号が流れて活性化しますから、これによって記憶が呼び出され、前に見た珍しい猫であると人間は認識するのです。

1.2 AIのしくみ

ここに白い玉と黒い玉がそれぞれ100個ずつあり、それが平面上に散らばっているとします（図2参照）。白い玉の塊と黒い玉の塊がありますね。そこで、白い玉と黒い玉を上手に仕切る線をコンピューターに描かせてみましょう。

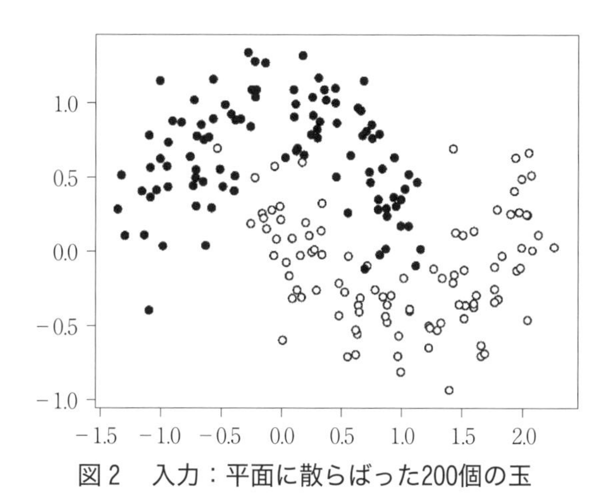

図2　入力：平面に散らばった200個の玉

人間であれば、白い玉の塊と黒い玉の塊を仕切る線を描くことは難しいことではないでしょう。しかしながら、従来のコンピューターにとってはなかなか難しい問題でした。白い玉と黒い玉の間を直線で区切るのか、２次曲線あるいは３次曲線で区切るのか。また、その仕切り線は各点からの距離の合計を最小にするように描くべきなのか、あるいは、白い玉の重心と黒い玉の重心を計算して両方の重心からできるだけ遠いところに描くべきなのか、というような数学の知識を用いる必要がありました。

それでは、人工知能プログラム（ニューラルネット）を動かして問題を解いてみたいと思います。例として７つの神経細胞（ニューロン）だけで白い玉と黒い玉を仕切ってみたいと思います。

準備したデータについて説明します。データはエクセル表（図３）に入っています。表の各行には、玉の１個の場所（X 座標、Y 座標）と色が入っていて、それが200行あります。すなわち、200行（玉の個数）× ３列（X 座標、Y 座標、色）のデータがエクセル表には入っています。これを人工知能が一行一行読み込んで学習します。

	A	B	C
1	X座標	Y座標	色
2	0.743	0.465	0
3	1.66	−0.632	1
4	−0.159	0.256	1
5	−1.09	−0.397	0
6	1.77	−0.254	1
7	1.95	−0.129	1
8	0.937	0.366	0
9	0.884	−0.476	1

図３　玉の X 座標、Y 座標、色を入れたエクセル表

次に、今回つくる人工知能ですが入力層、中間層、出力層からなる形状としました（図４参照）。これは MLP（多層パーセプトロン）と呼ばれる基本的なニューラルネットのひとつです。神経細胞は入力層に２つ、中間層に３つ、出力層に２つあり、合計７つです。それぞれの神経細胞は線（シナプスに相当）で結ばれています。入力層はそれぞれの玉の X 座標と Y 座標を入れますから２つあります。出力

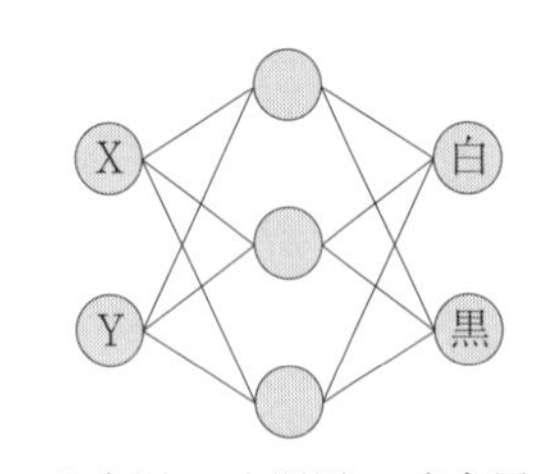

図４　神経細胞７個の人工知能

層はそれぞれの玉が白色か黒色かに分かれますからこちらも２つあります。中間層の細胞は適当な数でかまいません。

それでは動作を具体的な例で説明しましょう。まず１つ目としてＸ座標１、Ｙ座標１の位置にある白い玉を人工知能に学習させます（図５）。このとき、入力層のＸ座標に１、Ｙ座標に１を与えると同時に、出力層の白色に１、黒色に０を与えます。このように、入力層と出力層の両方にデータを与え、両端から人工知能に教え込みます（正確には、入力層に値を入れてみて色を推測し、その推測値が出力層に与えた値（正解値）とどれくらい違うかを計算し、この誤り情報を人工知能に学習させます）。

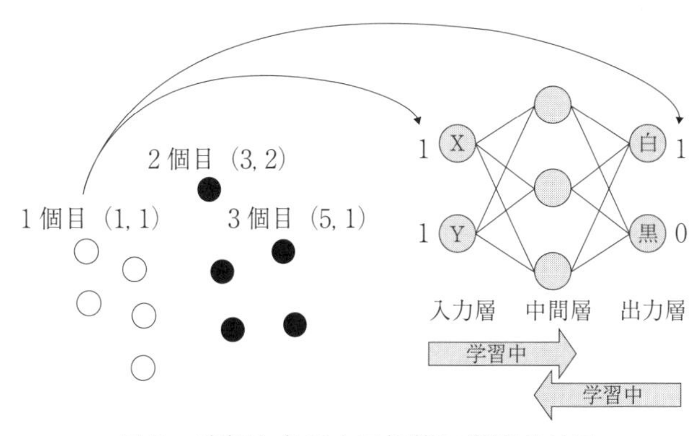

図５　座標と色を人工知能に学習させる

次に２つ目として、Ｘ座標３、Ｙ座標２の位置にある黒い玉を学習させます。つまりＸに３、Ｙに２を与え、白に０、黒に１を与えます。そして入力層側と出力層側から同時に人工知能にこの情報を教えます。３つ目は黒い玉がＸ座標５、Ｙ座標１の場所にありますので、Ｘに５、Ｙに１を与え、白に０、黒に１を与えます。このようにして200個全てについて同じ方法でAIに学習させます。

実行結果を示します（図６）。人工知能が考えた仕切り線は、人間が考えた仕切り線とかなり似ているのではないでしょうか。３次曲線のような線によって仕切られました。

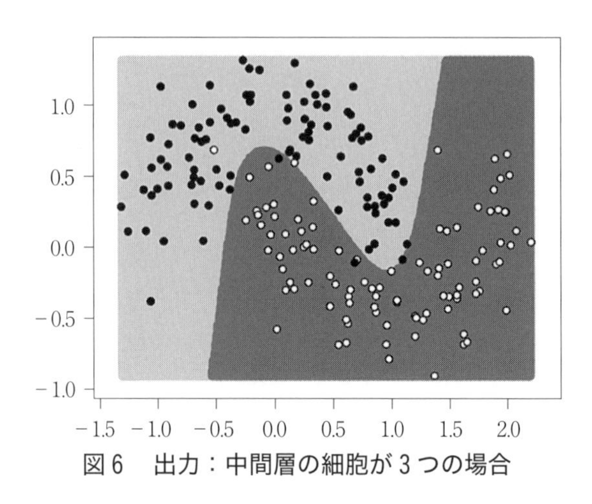

図6　出力：中間層の細胞が3つの場合

この問題のために行った準備は、200の玉のデータ（座標と色の情報）を用意したのみで、数式を考案したり玉と線の距離を計算したりはしていません。エクセル表に入っているデータを読み込ませただけで、区切り線が描けたのです。プログラム（全行については本書末尾「付録」を参照）の中身について詳しい説明は行いませんが、脳の形を決めている部分だけを抜粋しました（Chainerという AIフレームワークを利用した場合の書き方です）。

```
model=L.Classifier (MLP (3,2))
```

この行に、3と2という数字がありますが、3が中間層の細胞の数、2が出力層の細胞の数を表しています。すなわち中間層には細胞が3つ、出力層に細胞が2つあることを示しています。

この値を少し変えてみましょう。現在中間層の細胞の数は3つになっていますがこれを以下のように2つに減らして同じことを行います。200個の玉の位置と色を今度は6つの神経細胞に学習させるわけです。

```
model=L.Classifier (MLP (2,2))
```

MLPの形と実行結果はこちらです（図7）。曲線はより単純な2次曲線に近い形となり、先ほどの3次曲線と比べて分け方がかなり雑になりました。少し知能が低下したと言えるでしょう。

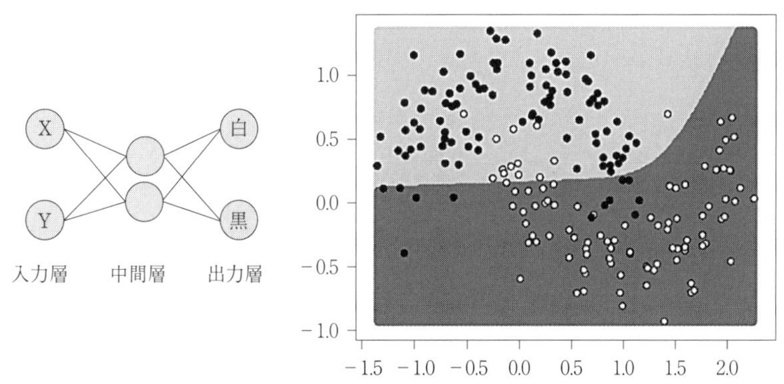

図7　出力：中間層の細胞が2つの場合

さらに中間層の細胞の数を1つに減らして同じことを行います MLPの形と実行結果は以下の通りです（図8）。今度は直線で白い玉と黒い玉を仕切ろうとしていて、さらに知能が低下したと言えると思います。

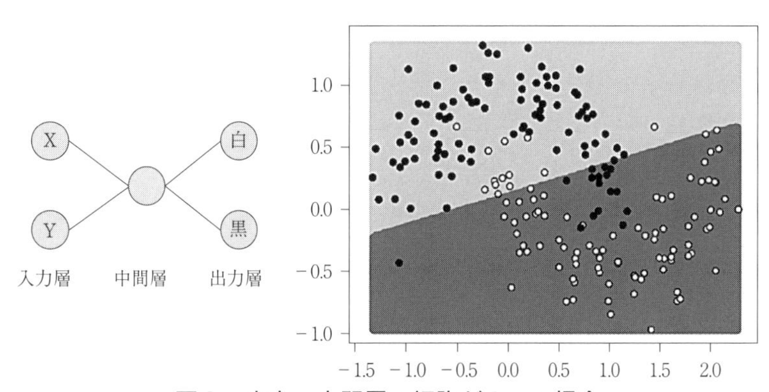

図8　出力：中間層の細胞が1つの場合

では逆に、中間層の細胞の数を増やしたら頭が良くなるのでしょうか。試してみましょう。

中間層の細胞の数を７つに増やしてみます。神経細胞の総数は11です。実行結果は以下の通りです（図９）。最初にお見せした中間層が３つの時（図６）に比べて、より複雑な曲線で区切られました。中間層が３つの時には例外として扱われていたハズレ位置にある玉をカバーしようと曲線が歪んでいます。

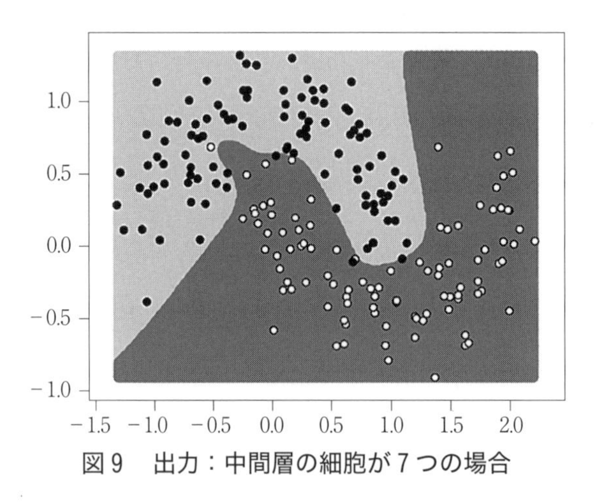

図９　出力：中間層の細胞が７つの場合

次に中間層の細胞を大きく増やして50個にしたらどうでしょう。数式では表しきれないような複雑な曲線となって現れました（図10）。例外的な玉をカバーしようと曲線は大きく蛇行しています。このように中間層の細胞の数を変えると人工知能の頭の良さが変化します。

さらに今度は中間層の層の数を増やすことを考えます。図11を見てください。先ほどまでは中間層は１層でしたがこちらでは３層に増えています。細胞の数はトータルで13個になりました。

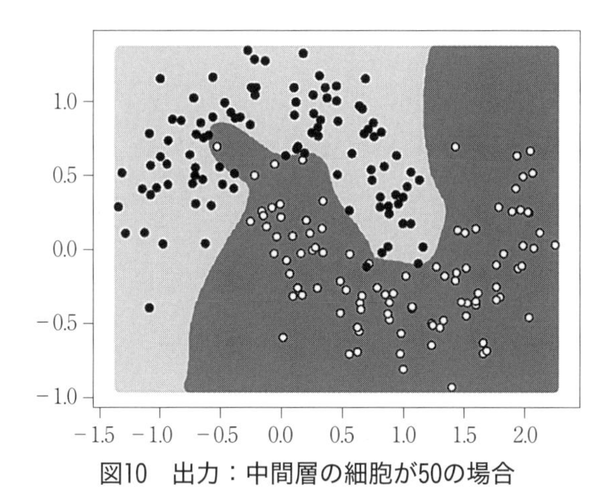

図10　出力：中間層の細胞が50の場合

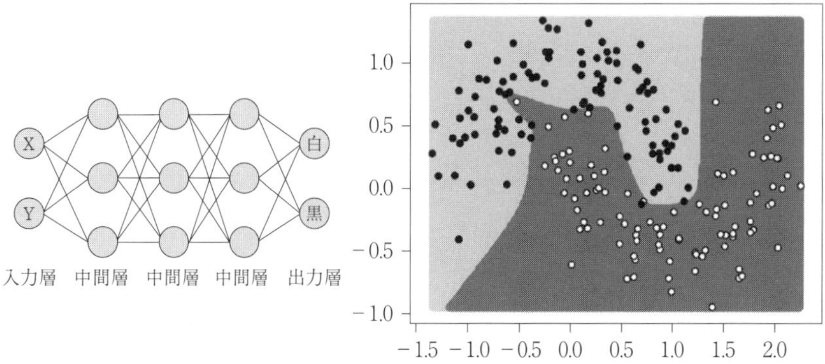

X
Y
白
黒
入力層　中間層　中間層　中間層　出力層

図11　出力：中間層を 3 層に増やした場合

今回も脳の構造をつくるには（「付録」に示した）プログラムの一部分を以下のように変更します。これだけの変更でMLPの形状を変えることができるわけです。層が増えることを「深くなる」といい、これが十分深くなると「ディープラーニング」と呼ばれます。このプログラムに同じように200個の玉の位置と色を学習させてみると、実行結果は図11のとおりとなり、少ない神経細胞であっても複雑な曲線が引かれました。

＃中間層１層：

```
class MLP (Chain):
    def __init__(self,n_units,n_out):
        super (MLP, self).__init__(
            l1=L.Linear(None,n_units),
            l2=L.Linear(n_units,n_out),
        )
    def __call__(self, x):
        h1 = F.tanh(self.l1(x))
        y = self.l2 (h1)
        return y
```

＃中間層３層：

```
class MLP (Chain):
    def __init__(self, n_units, n_out):
        super (MLP,self).__init__(
            l1=L.Linear (None,n_units),
            l2=L.Linear (n_units,n_units),
            l3=L.Linear (n_units,n_units),
            l4=L.Linear (n_units,n_out),
        )
    def __call__(self, x):
        h1 = F.tanh (self.l1 (x))
        h2 = F.tanh (self.l2 (h1))
        h3 = F.tanh (self.l3 (h2))
        y = self.l2 (h3)
        return y
```

さてここで種明かしをしたいと思います。正確にはこのプログラムは線を引いたわけではありません。数式を作成してその式によって仕切ったわけではないのです。かわりに、平面上のすべての点の色を一つひとつ塗りつぶすことによって、あたかも線を引いたかのように見せています。

たとえば（0, 0）は白であるか黒であるか、（0, 1）は白であるか黒であるか、（0, 2）は白であるか黒であるか……というように平面上のすべての箇所の色を人工知能にいちいち問い合わせ、それに基づいてグラフ全体を塗りつぶしたのです。人工知能の回答は非常に高速ですから一瞬ですべての点の色をグラフ上に描きます。ですから、あたかも仕切り線が引かれたかのように見えました。すなわち今回つくった人工知能は入力層に座標を入れると出力層からその座標にある玉の色が返ってくる人工知能だったのです。

いずれにしても、200個という少ない位置の色を教えただけで、どんな位置の色を聞かれても即座に適切な答えを返してくれるAIをつくることができました。言い換えると人間が教えた以上のことができるようになったのです。従来のコンピューターシステムや過去のAIシステムは人が教えたことを忠実に実行するものでしたが、これに対し新しいAIシステムには人が教えた以上のことを期待することができるのです。

1.3　AIを使ってみよう

新しい人工知能の面白いところは、違う問題に対しても同じ頭脳を利用できるということです。昔の人工知能では、問題が違えばそれぞれについて別の数式やアルゴリズムを用意する必要がありました。これに対し、新しいAIではそれぞれの問題についてのデータを用意しさえすれば、それを解決する知識はコンピューター自身が考案しますので、必ずしも方法を変える必要がないのです。言ってみれば人間の脳ではなく人工知能の脳を使って問題を解決するからですね。

先ほどつくった人工知能にも同じことが当てはまります。たとえば、白い玉、黒い玉、赤い玉が平面上に散らばっていて、その3者を仕切る線を描きたい場合には、以下のように出力層の細胞の数を表している箇所を3に変更するだけで実現できます。

```
model=L.Classifier (MLP (3,3))
```

また、平面ではなく3次元空間に散らばった白い玉と黒い玉を仕切る曲面を描きたい場合には、各行に玉1個の場所（X座標、Y座標、Z座標）と色が入っている200行のエクセル表を用意して、同じ人工知能に入れるだけで実現できます。すなわち、200行（玉の個数）×4列（X座標、Y座標、Z座標、色）のデータを用意するだけでよいのです。

さらに、線を引く問題だけでなく、先ほどつくった人工知能を使って全く別の問題を解くこともできます。

人工知能を説明する時に非常によく使われる手書き数字認識の例があります。この例はMNIST（エムニスト）と呼ばれます。MNISTのデータセットには7万個の手書き数字の画像が登録されていて、それぞれの画像には0から9まで数字のどれかが描かれています。この中の6万個の手書き数字画像を人工知能に学習させます。そのあとで、残りの画像1万個を人工知能に入力し、描かれている数をどれだけ正しく言い当てられるか認識率を算出します。

一つひとつの画像は28×28ピクセル＝784個の画素（ドットともいう）から成り、MNISTデータセットにはそれぞれのドットが黒なのか白なのかというデータが入っています。この画像一枚一枚を順番に人工知能の入力層に与えるわけですが、一枚の画像には画素が784個ありますので、入力層の神経細胞の数を784個とし、画像の左上から右下の順番で、入力層の１から784まで、白ドットなら０、黒ドットなら１という値を入力します（図12）。一方、出力層には、０から９までの10個の神経細胞があります。もし入力した画像が８であれば８のところに１を与え、他のところ（０～７と９）に全て０を与えて人工知能に学習させます。中間層の神経細胞の数は適当で構いませんが、この例では1000個としました。こうして用意された６万文字に対し同じことを繰り返し行って人工知能に覚えこませます。

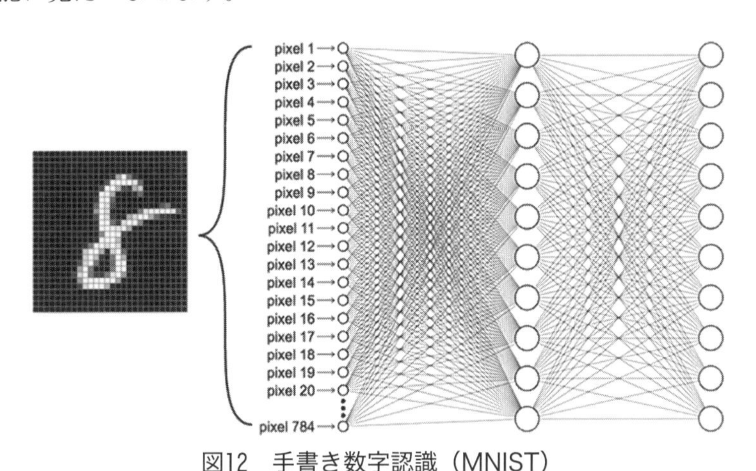

図12　手書き数字認識（MNIST）

すなわち白い玉と黒い玉を分ける問題の時とほぼ同じプログラムを使って手書き数字認識が行えるわけです。実際にMNISTのデータセットをこの人工知能に入力してみたところ、このような単純なニューラルネットであっても、約97%の割合で正しく数字認識ができました。手書き数字を97%の割合で認識するというのは、これまでの常識ではかなり難しいことで、手書き数字認識の専門家の知識をフルに利用してもなかなか達成できない高い認識率でした。かなり難しい問題であっても簡単な人工知能で解決できる可能性があります。

これまで説明してきた入力層、中間層、出力層からなる基本的なニューラルネットはMLP（多層パーセプトロン）と呼ばれています。この他にも画像認識の分野で使用されることの多いCNN（畳み込み型ニューラルネット）や、自然言語や時系列データのような連続データを扱う時によく利用されるRNN（再帰型ニューラルネット）などがあります。CNNをベースとした最新の人工知能でMNISTを処理すると99.7%を超える割合で正しく認識できるまでになっています[1)]。

また、学習時に入力と出力に同じデータを与え、小さな中間層にデータの本質的な特徴を凝縮させる「オートエンコーダー」[2)]（または「教師なし学習」）と呼ばれる人工知能も注目されています。前記MNISTの例でいうと入力層と出力層の神経細胞の数をどちらも784個として、中間層は30個程度にします。そうしてある画像1枚を学習する時は、まったく同じデータを入力層と出力層に与えるのです。全ての画像について同じことを繰り返すと、各数字の形の特徴が中間層に凝縮します。推測時、ノイズが含まれる手書き数字画像を入力すると、ノイズは数字画像の本質的な特徴ではありませんから除去されて、きれいな数字画像が出力されます。

いかがでしょう。人工知能がどのようなものか摑めたでしょうか。

第2部 AIの応用

私の研究室でこれまでに開発したAIシステムを紹介したいと思います。AIシステムを考案した経緯、構築した手法、使ってみた結果について解説します。実践的なAIシステム開発について触れましょう。

この第2部は「AIを実際に活用してみたい」「できれば自分でもAIシステムをつくってみたい」という方を対象に執筆しました。本書の内容をざっと理解したい方、すなわち「AIが何か知りたい」「AIが何に役立つのか知りたい」という方は、第2部をスキップされてもよいと思います。

2.1 AIによる行動認識

この章ではAIとセンサーを使った行動認識について紹介します。センサーによって人の行動やモノの動作がわかると、それが生活に色々と役立つことがあります。さらにセンサーデータを人工知能によって処理することで、複雑な行動や動作を認識することもできるようになってきました。

センサーは対象物の状態を監視したり検知や計測などを行うデバイスや機器のことを指します。センサーデバイスを購入してハードウェアに組み込んだり、センサー付きの専用装置を購入して用いたりもできますが、実は、私たちが普段つかっているスマートフォンにも優れたセンサーがいくつも入っています。そしてスマートフォン用のプログラムを書くことで、これらのセンサーを容易に利用することができます。

これまで私たちは、スマートフォンのセンサーと人工知能を使用したシステムをいくつか開発してきました。その中のひとつに「migaco（ミガコ）」があります。子供が楽しく歯みがきが行えるようにするための歯磨き支援システムです。migacoでは歯磨き行動を認識するためにスマートフォンの地磁気センサーとCNN型ニューラルネットを利用しています。どのようにして歯みがき行動を認識しているのでしょうか。

最初にスマートフォンのセンサーとCNN型ニューラルネットについて簡単に説明し、その後に開発したシステムを紹介したいと思います。

2.1.1　スマートフォンのセンサー

私たちが普段つかっているスマートフォンには、加速度センサー、ジャイロセンサー、GPS、地磁気センサー（電子コンパス）、照度センサー、近接センサーといった多くのセンサーが入っていて、プログラムからこれらセンサーの値を利用することができます（図13）。

- **加速度センサー**は文字通り加速度を測定するセンサーです。通常、左右（X軸）、前後（Y軸）、上下（Z軸）の3軸における加速度を同時に測定する3軸加速度センサーが搭載されています。加速度がわかると、スマートフォンを持った人が止まっているか、歩いているか、走っているなどの行動を認識できます。また、加速度から重力や振動がわかりますから、スマートフォンの水平や傾きを検出して水準器アプリを作ることや、手ブレを検知して手ぶれ補正を行うカメラアプリを作ることができるでしょう。

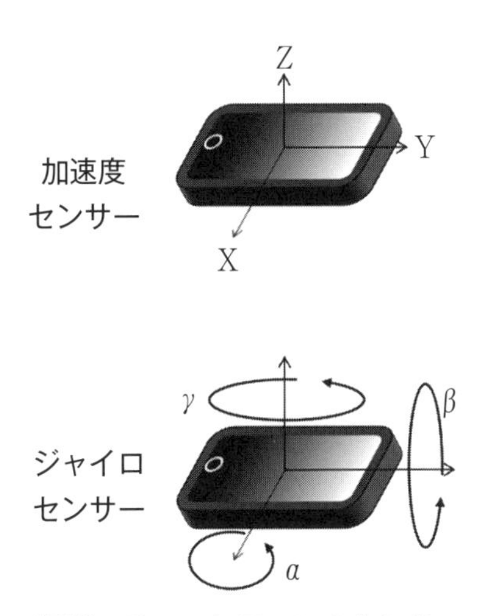

図13　スマートフォンのセンサー

- **ジャイロセンサー**は角速度を検知するセンサーです。1秒間にスマートフォンがどれだけ回転したかがわかります。通常、X軸回転、Y軸回転、Z軸回転の3軸における角速度を同時に測定します。スマートフォンのゲームアプリでよく利用され、手首の動きをゲーム操作に正確に反映させる際などには不可欠です。加速度センサーと組み合わせて用いられることも多く、加速度を検出する3軸と角速度を検出する3軸をあわせて6軸センサーと呼ぶことがあります。

- **GPS**（グローバル・ポジショニング・システム）は、複数の人工衛星から信号を受けとり地球上での自分の位置を検出するセンサーです。5〜20mの誤差で位置がわかります。地図アプリやカーナビアプリで使われており知っている方は多いでしょう。

- **地磁気センサー**は電子コンパスとも呼ばれます。地球上の磁力を検知してスマートフォンが向いている方角を取得します。たとえば地図アプリでコンパスが表示されますが、その方角は電子コンパスから得ています。GPSと一緒に使われることが多いセンサーです。本体が向いている方位を０°～360°で取得できます。

- **照度センサー**を使えば周りの明るさを数値で取得することができます。スマートフォンの画面が部屋の明るさによって明るくなったり暗くなったりしますが、これはスマートフォンに照度センサーが備わっているためです。

- **近接センサー**は電話がかかってきて耳元にスマホを近づけると自動で液晶を消してくれる用途に使われています。

スマートフォンのセンサーはWebブラウザのJavaScript（Webブラウザ上で動作するプログラムを書くためのプログラミング言語の１つ）からも利用できます。

たとえば加速度センサーの場合、

```
window.addEventListener("devicemotion",MyProc);
```

というコードを書いておけば、加速度に変化があった場合にMyProc関数がその都度よばれます。MyProc関数内で

```
z=e.accelerationIncludingGravity.z;
```

と書けば、上下方向の加速度の値がリアルタイムで変数zに入ります。

2.1.2　CNN（畳み込み型ニューラルネット）

画像認識の分野で使用されることの多いCNN（Convolutional Neurel Network：畳み込み型ニューラルネット）について紹介します。

CNNが画像に強い最大の理由として、入力データを2次元情報のまま処理できることが挙げられます。人間なら画像に表示されている物体の位置や大きさや形が少し変わったとしても同じものとして認識できますが、コンピューターには少々難しい問題です。普通のニューラルネットワークであれば、同じ物体でも数ピクセルずれているだけで違う物体と判断されてしまう恐れがあります。

たとえば前述の「AIを使ってみよう」の章では、MNISTの手書き数字を単純なMLP型ニューラルネットを使って認識する例について話をしました。28×28ピクセルの2次元情報を強制的に784個の1次元情報に変換してから入力層に与えていました。しかしながらこのような方法では、画像の2次元的な情報が失われます。たとえば、描かれている文字やモノ（手書き数字など）が少し縦方向または横方向に移動するだけで、まったく違う情報となって人工知能に入力されてしまうのです。

一方CNNの場合、2次元情報を2次元情報のまま人工知能に入力することができます。物体の位置が多少移動したり、変形したり、サイズ変更していたりしても、同一のモノと捉えることができます。点ではなく面での特徴抽出が可能なのです。

これを実現しているのが畳み込みです。畳み込みとは縦横に隣接した複数画素から新しい1つの画素をつくり、それを集めて新しい小さな画像を作ることです。作成された小さな画像は特徴マップと呼ばれますが、細部は描かれておらず代わりに物体の大局的な特徴が表れています。この小さな画像を最終段階でMLP型のニューラルネットトに入力して学習させるのが典型的なCNN型ニューラルネットです。

MLP型ニューラルネットではMNISTの認識率は約97%でしたが、CNNをベースとした最新の人工知能で処理させると99.7%を超える割合で正しく認識できることがわかっています[3)]。

2.1.3　ディープラーニングと過学習

詳しくは第３部で書きますが、2012年、AlexNetというプログラムが画像認識の精度を競うILSVRC競技会において圧倒的に高い認識率で優勝し、それがきっかけでAIの第３次ブームが始まりました。このAlexNetには同じく2012年に開発されたDropout（ドロップアウト）という新しい仕組みが搭載されていました。Dropoutは、それまでディープラーニングにおいて厄介な問題であった「過学習」を劇的に防いでくれる非常に有効な仕組みです。

過学習とは、学習用に用意された学習データを過剰に学んでしまい、学習データでは正解率が高いのに、それ以外のデータ（評価データ）では正解率が低くなってしまう状態のことを指します。学習データだけに最適化されてしまうと、汎用性がない人工知能になってしまいます。テストで予想問題の問題と答えのペアを丸暗記しても、本番で少し違う問題が出たら解けないというのでは困りますね。学習データでの正解率がいくら高くても、実際の場面で役にたたないのでは意味がありません。未知のデータを入力した時にこそ、それまでに学習してきた実力を発揮して欲しいわけです。

Dropoutの仕組みは単純です。学習データを繰り返し人工知能に教える際、わざと神経細胞間の接続（シナプス）をランダムに使えなくするのです（図14）。毎回おおよそ全体の50％の接続を選んで使えなくします。使える脳の部位が毎回変わるわけですから、学習した知識は脳の広い範囲に散らばります。未知のデータが入力された場合に、脳全体をつかって多面的に考えるようになるイメージです。言い換えると、学習環境を厳しい状態に追い込むことで、暗記ではなく何かしらものごとの本質をつかんで問題を解決しようとする人工知能をつくることができるのです。

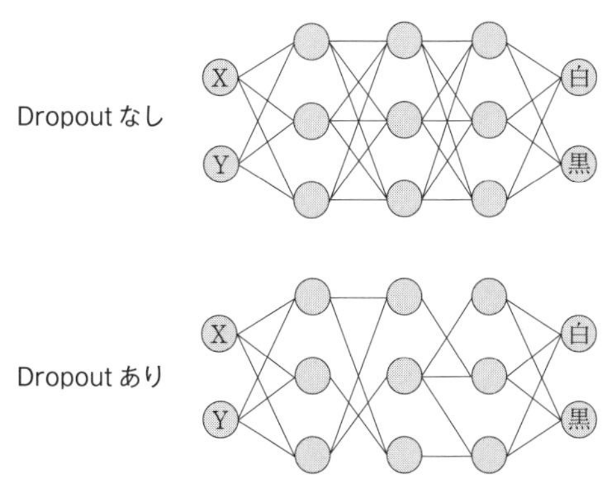

図14　過学習を抑制する Dropout

なお、学習データが少ないと人工知能はそのデータだけに適用しようとしますから過学習になります。十分な学習データを用意することが重要であることは言うまでもありません。

2.2　歯みがき支援システム「migaco」

これまでスマートフォンのセンサーと CNN 型ニューラルネットの概要を説明してきました。私達はこれらの技術を用いた「子どもが楽しく歯みがきが行えるようにするための歯みがき支援システム」を開発しました。できるだけやさしく紹介したいと思います。

2.2.1　システム開発のきっかけ

子どもの頃の歯みがきは、その後の虫歯のなりやすさ、歯並び、噛み合わせの良し悪しに大きく影響することが知られています[4)]。ですが親が子どもに無理やり歯みがきをさせてしまうと、「歯みがきは苦痛で嫌なもの」と刷り込まれてしまうおそれがあります。そこで、この時期の子どもが楽しく歯みがきが行えるようにすることが大切です。

歯みがきや掃除などは毎日のように繰り返し行わなければならない行為ですが、そのモチベーションを持続させることは多くの人にとって容易なことではありません。継続するためのモチベーションを向上させることが大切です。このモチベーションを向上されるためのひとつの手法が「ゲーミフィケーション」[5]です。ゲーミフィケーションは、ゲームの要素や考え方をゲーム以外の分野で応用しようとする考え方です。ゲームの持つ人を楽しませ熱中させる要素や仕組みを用いて、ユーザのモチベーションを向上させ、日常の行動を活性化します。たとえば、人が行動した際にポイントを与えたり、順位を出したり、レベルを上げたりしてユーザの興味を引き付けます。ゲームの要素を盛り込むことによって、ユーザが楽しみながら意図せず目的の行為ができるようにします。

私たちは、子供が楽しく歯みがきを行えるようにするための歯磨き支援システム「migaco（ミガコ）」を開発しました。

migacoは磁石を取り付けた歯ブラシとスマートフォンから成るシステムです（図15）。スマートフォンには方位を知るための地磁気センサー

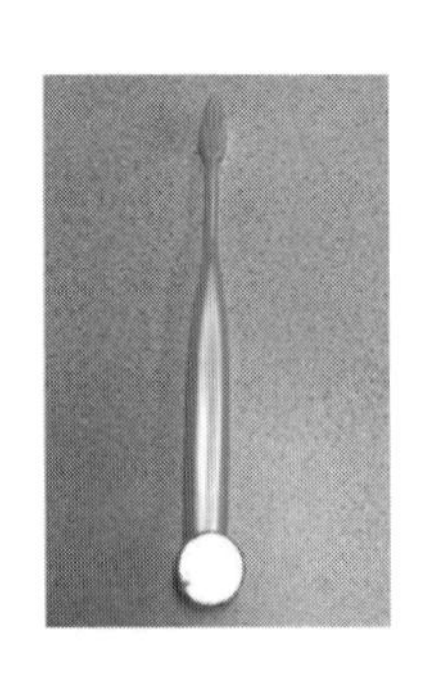

(a) 歯ブラシと磁石

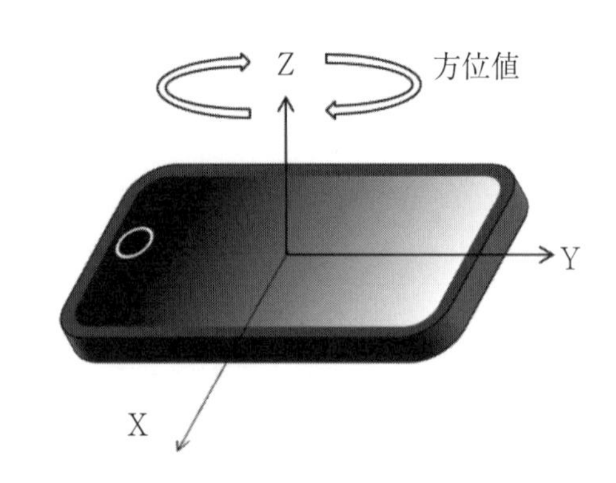

(b) スマートフォンの地磁気センサー

図15　歯ブラシとスマートフォン

（電子コンパス）が搭載されています。歯ブラシには磁石が取り付けられていますから、歯ブラシが動くとスマートフォンの地磁気センサー（方位）の値が変化します。この変化があった場合に歯ブラシが動いたと判断します。さらに、どの箇所を磨いているかを識別するためにセンサーデータを人工知能によって処理しました。これにより、歯みがきをした箇所近辺の歯が綺麗になってゆく様子を表示するゲーミフィケーションを実現しています。特別な装置を必要とせず、軽い、子どもが乱雑に扱っても壊れにくい、安価、電池交換が不要などの利点があります。

2.2.2　開発システムの機能

一般的なスマートフォンには地磁気センサーが搭載されており、本体が向いている方位（0°～360°）を取得することができます。磁石を装着した歯ブラシが動けば磁界に乱れが生じますから、スマートフォンの地磁気センサーによってこの磁界の乱れを検出できます。さらに地磁気センサーの値を人工知能によって処理することで、歯の右側、中央、左側のどこを磨いているのかを認識します。

使い方を説明します。ユーザはスマートフォンを自分の前に置いて歯みがきをします。スマートフォンには図16のようなゲーム画面が表示されていて、自分が磨いた

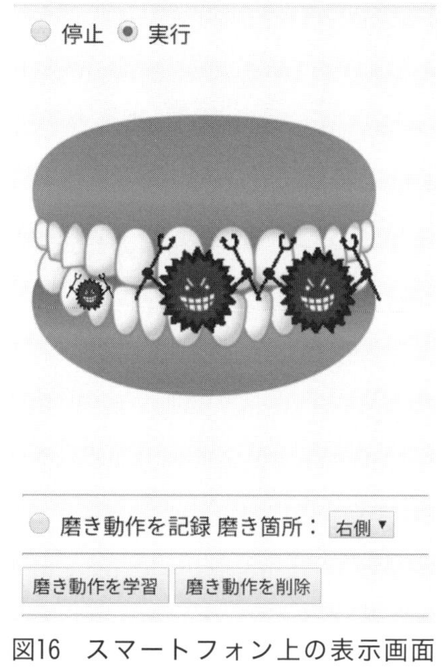

図16　スマートフォン上の表示画面（migaco）

箇所が徐々にきれいになる様子が表示されます。具体的にはスタート時に歯の上に表示されているばい菌キャラクターが、その近辺の歯を磨くことで次第に消えてゆきます。

ユーザはmigcoの「学習モード」を用いて歯の右側、中央、左側をそれぞれ磨いて自分の歯の磨き方をシステムに初回だけ事前登録します。その後は「ゲームモード」で普段の歯磨きをします。

2.2.3　システムの動作

歯みがきをしているときスマートフォンの地磁気センサーの値（方位）は高速に変化します。migacoでは50ms毎（1msは1/1000秒を表す）の地磁気センサーデータを使います。この地磁気センサーの時系列データを学習するために、CNNを構築して用いました。

具体的な方法ですが、方位データの２次元グラフ画像（横軸＝時刻、縦軸＝方位）をコンピューター内部に作成し、そのグラフ画像をCNNに入力しています（図17参照）。詳しく言えば、50ms毎に連続取得した地磁気センサーデータ34個（すなわち50ms×34個＝ 1.7秒分の連続センサーデータ）からデータセット１個を作成し、このデータセット１個を用いてコンピューター内部にグラフ画像１つを描き、このグラフ画像をCNNに入力しています。データセットを作成する際には、時系列範囲を１個ずつずらすことによって作成します。たとえばある時点t0からt33までの34個の連続データを使ってグラフ画像を１枚作成したら、次は、t1からt34までの34個の連続データを使って別のグラフ画像を作成します。こうしてCNNは作られた大量のグラフ画像を全て学習します。

なお、連続取得する時間間隔の50msや、グラフ画像１枚作るのに地磁気センサーのデータを34個を用いるというような条件は、実験を繰り返し行って最適値を求めました。この条件で平均認識率は98.3%となり

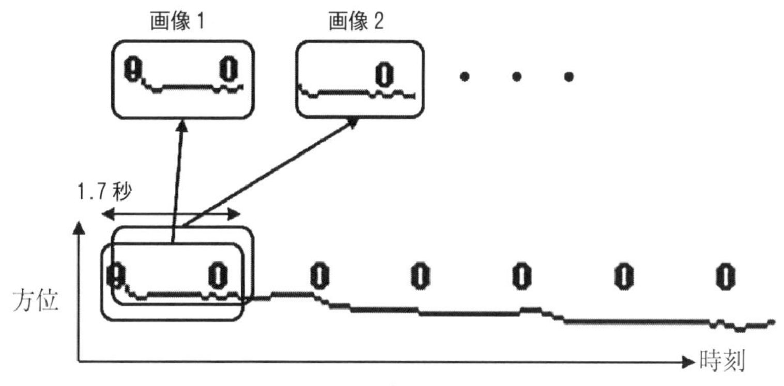

図17 CNN に入力するグラフ画像

ました。

CNN 以外にも、別の人工知能の形態も試しました。白い玉と黒い玉を区別するデモで紹介したような MLP 形式の 3 層ニューラルネットをつくった場合（50ms 毎に連続取得した地磁気センサーデータを34個まとめて 1 セットとして MLP の入力層に入力）平均認識率は93.2%でした。前述したとおり、CNN を使えばグラフ画像の形状を大局的に特徴抽出できる性質があります。数値データの細かい違いに引きずられることなく、本質的なグラフ形状の違いを見つけることができます。これらのことから migaco には CNN を採用することにしました。

2.2.4 システムの評価

7 歳から10歳の子ども 6 名に実験に参加してもらいました（図18）。家庭で普段使用している歯ブラシを持参してもらい、磁石を両面テープで付けて子どもに手渡しました。このとき「スマートフォンを正面に見ながら、歯の表側の右側、中央、左側を好きな順序で歯みがきしてください」と伝え、スマートフォンと顔との距離は子どもまたはその親の自由にさせました。

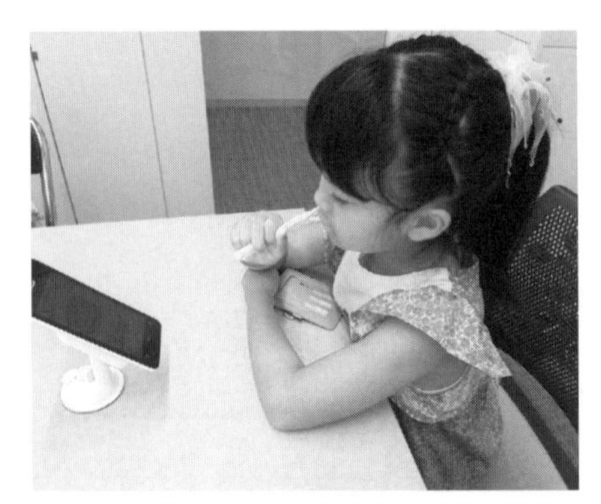

図18　子どもを対象とした実験風景

歯みがき箇所特定実験の結果ですが、年齢が高い子どもら（９歳児、10歳児）と、年齢が低い子どもら（７歳児、８歳児）とで認識率に違いがみられました。年齢が高い２名の平均は97.4%で、年齢が低い４名の平均は90.6%でした。歯みがきの様子を観察していると、年齢が高い子どもらの歯みがきは磨き残し箇所が減るように歯みがき箇所を小刻みに上下左右に移動させるなどの工夫をしていて、大人の歯みがきに近いように見受けられました。一方年齢が低い４名の歯みがきには概して力強さがなく、歯ブラシ動作は小さく単調でした。これが認識率の違いに表れたと推測しています。

年齢が高い子どもらからは、「歯みがきしたところがだんだん綺麗になっていく様子がわかって楽しいです」や「磨いているところのばい菌とバトルができるといいと思います」というコメントが得られました。また親からは「いつもは結構早く歯みがきを止めてしまうのですが、子どもが今日ほど一生懸命に歯みがきをしたことはありませんでした。楽しんでやっていたように思えます」とのコメントが得られました。

2.2.5　その他の行動認識 AI

スマートフォンの地磁気センサーと CNN 型ニューラルネットを利用した migaco について説明しましたが、私たちはこれ以外にも生活の場で使える行動認識 AI を色々とつくっています。

例として、スマートフォンの加速度センサーと CNN 型ニューラルネットを利用した、手洗い診断、睡眠診断、子どもの食育支援がありますので、簡単にご紹介します。

手洗い診断：私達は手のひらをゴシゴシこするだけで手洗いに満足しがちですが、指先や指の間、手首にも見えないウィルスや菌が付着しており、すみずみまで丁寧に洗うことが必要です。アタッチメントを使って腕にスマートフォンを固定した状態で手洗いをします。加速度センサーが手の動きを感知して、ちゃんと洗えているかどうか診断します（図19）。

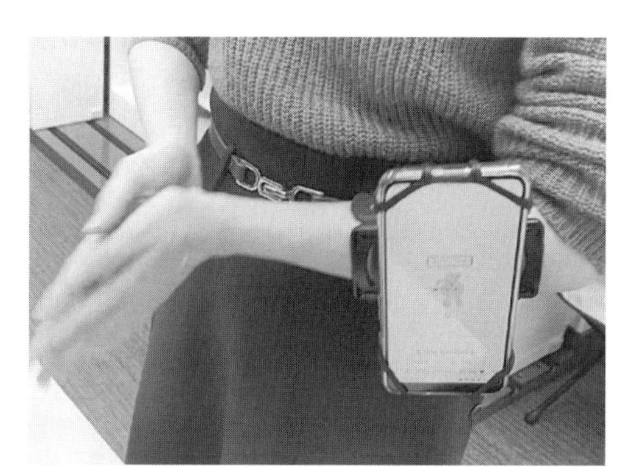

図19　腕に装着したスマートフォンで手洗い診断

睡眠診断：就寝時、枕元にスマートフォンを置いて眠ります。頭を動かしたり寝返りした時間や頻度を加速度センサーによって検知することで、眠りの質（長さや深さ）を診断します。

子どもの食育支援：子どもがつかう食器プレートの下にスマートフォンを敷いておきます（図20）。子どもがスプーンやフォークで食器をつつくと、その振動がスマートフォンの加速度センサーに伝わって、プレートのどこに置いてある食材を食べているかが検知されます。子どもがひとりで食事をした場合にでも、どの料理をどのように食べたかを記録に残すことができます。

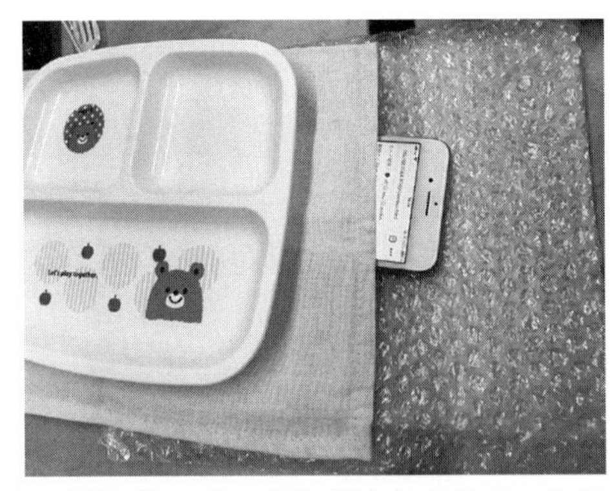

図20　食器プレートの下に置かれたスマートフォン

また、スマートフォンの加速度センサーとRNN（再帰型ニューラルネット）を用いて行動認識を行うこともよく行われます。RNNは時系列データを扱う時によく利用されるAIの形態です。RNN単独では自然言語処理やトレンド分析に使われることが多いですが、CNNとRNNを組み合わせてカメラ映像内（あるいは動画内）の人の行動や物の動きの解析を行う例もあります。CNNもRNNもまだまだ発展途中と言えるでしょう。

これからも生活の場で使えるAIシステムを手掛けていきたいと考えています。

2.3　AIによる自然言語処理

この章ではAIが行う自然言語処理についてご紹介します。

日本語や英語など私たちが普段の生活で使っている言葉を自然言語と言います。その自然言語を処理する分野が自然言語処理です。これは私たちの言葉をコンピューターに理解させるための技術と言えるでしょう。自然言語処理技術は、日本語音声認識、コールセンターの自動応答、日英自動翻訳システム、SNSのトレンド分析などに広く使われていますが、近年AIが導入されるようになり飛躍的に性能が向上しました。実は本書の第1部と第3部の多くは、私がしゃべった言葉をGoogleの日本語音声認識ツールを使って文字に自動変換したものなのです。

私達は自然言語処理を用いた「口コミ解析と好み診断に基づいた旅行先推薦システム」を開発しました。旅行計画を立てる際に多くの旅行情報を閲覧しなくても手軽に旅行先を選ぶことができるようにするシステムです。

最初にAIを用いた自然言語処理の基礎技術について説明し、その後に開発したシステムを紹介したいと思います。

2.3.1　形態素解析とMeCab

形態素解析は自然言語処理のひとつで、自然言語を「形態素」にまで分割する技術のことを指します。形態素は意味を持つ言葉のまとまりの最小単位です。たとえば、「朝にコーヒーを飲む」という文章を形態素解析すると、「朝（名詞）/ に（格助詞）/ コーヒー（名詞）/ を（格助詞）/ 飲む（動詞）」という5つの形態素に分解されます。形態素に分かれた文章は「分かち書き文」とも呼ばれます。

英語は空白で単語が区切られているので形態素に分割することは簡単ですが、日本語の場合は単語が空白で区切られていないため、独自に単語の境界（切れ目）を判別しなければなりません。日本語の自然言語処理では、処理したいテキストを形態素に分割する形態素解析がまず必要なのです。

形態素解析を実行するためのソフトウェアはいくつか存在しますが、なかでも代表的なのがMeCab（メカブ）[6]です。MeCabは、PythonやJavaなど多くのプログラミング言語で使えるライブラリとしてオープンソース公開されています。MeCabは最もよく使われている日本語形態素解析ツールです。

2.3.2　単語のベクトル化とWord2Vec

Word2Vec（ワード・ツー・ベック）[7]はその名前が示すとおり単語をベクトル[8]で表現する方法のひとつで、2013年グーグルの研究者らによって提案されました。大量のテキストデータを入力すると、その中に含まれる各単語のベクトル（分散表現とも言います）を出力します。たとえば私達が日常的に使う語彙数は数万から数十万と言われていますが、その中の各単語を200次元くらいのベクトルとして表現します。具体的にはWikipediaの全ページのような大量のテキストを使って各単語のベクトルを計算します。意味が近い単語は似たようなベクトルとなります。

Word2Vecは極めて単純な仮説に基づいています。それは「同じ文脈の中にある単語は意味の近い単語である」というものです。言い換えると、「周囲の語句が同じとき、その中心となる単語同士は意味が近い」ことを指しています。例をあげます。「朝　に　牛乳　を　飲む」と「朝　に　コーヒー　を　飲む」という２つの文があったとしましょう（Word2Vecに日本語を入力するためには形態素解析で分かち書きしておく必要があります)。このとき、「牛乳」と「コーヒー」に着目すると、どちらの前後の語句も「朝　に」と「を　飲む」です。前後の語句が同じなので、「牛乳」と「コーヒー」は意味が近い（概念が近い）はずである、と推測するのです。

実際に牛乳とコーヒーのベクトルが近いかどうか実験してみましょう。この例では牛乳、コーヒー、電車、バス、外務省、国家の6単語のベクトルを図示します。ベクトルが200次元のままですと図に表現できませんので、主成分分析という次元圧縮の手法を使って2次元平面上に変換したものを図示します。この実験ではWikipediaのテキストを使って作成したベクトルを使いました。

結果は図21のとおりです。ベクトルが近いものが近くに表示されました。牛乳とコーヒーは近く、電車とバスは近く、外務省と国家は近くなっています。それぞれのペアは近い意味を持つ単語であると推測されたわけです。さらに、Word2Vecを用いると単語同士の類似度の計算ができます。実際に実験してみましょう。上記の6単語を入力した結果、牛乳に着目すると、牛乳とコーヒーが89.8%、牛乳と電車が4.8%、牛乳と外務省が2.1%と類似度が表示されました。

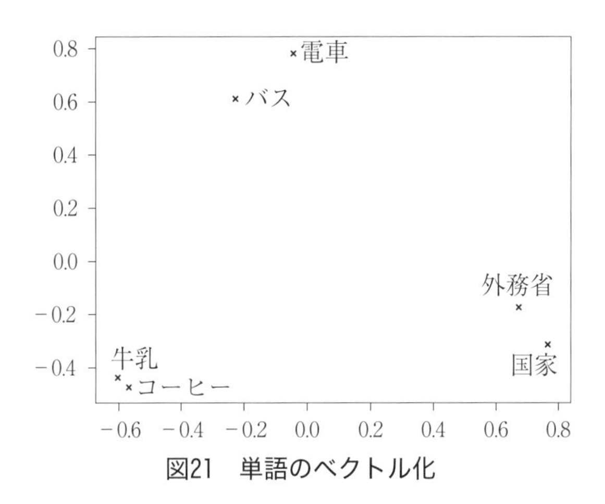

図21　単語のベクトル化

またWord2Vecを用いると近い意味をもった単語を検索することができます。実際、牛乳の場合はヨーグルト・バター・コーヒーなど、電車の場合は客車・急行・通勤など、外務省の場合は国務省・日本大使館・アメリカ合衆国などが上位単語として出力されました。これらは私たちの直感とも合っていますね。

Word2Vecは入力層、中間層、出力層からなるニューラルネットワークでできています。たとえば文が「朝　に　牛乳　を　飲む」の場合、"朝"、"に"、"を"、"飲む"を入力層に与え、出力層に"牛乳"を与えて両端から人工知能に学習させます。また文が「朝　に　コーヒー　を　飲む」の場合、"朝"、"に"、"を"、"飲む"を入力層に与え、出力層に"コーヒー"を与えて学習させます。これにより、牛乳とコーヒーが近い単語であるという情報（ベクトル）がニューラルネットの中間層に形成されてゆきます（CBOW方式の場合）[9]。

2.3.3　文章のベクトル化とDoc2Vec

Doc2Vec（ドック・ツー・ベック）[10]はWord2Vecを発展させたものです。その名前が示すとおり文章をベクトル化して表現する方法です[11]。Word2Vec同様にDoc2Vecも入力層、中間層、出力層からなるニューラルネットワークでできています。

Word2Vecの入力層には単語列のみを与えるのに対し、Doc2Vecの入力層には単語列と文章IDを併せて与えます（DM-PV方式の場合）。これにより、単語のベクトル化だけでなく任意の長さの文章のベクトル化が可能となっています。ベクトル同士の類似度を測定して文章同士の類似度を計算することや、多くの文章の中からある文章と似た文章を探すことができます。なお、Doc2Vecに日本語を入力するためには形態素解析で分かち書きしておく必要があります。

関東地方の有名観光スポット70地点についての説明文を対象に実験してみましょう。“迫力のイルカのショーが見たい”という文章を入力し、これに一番近い説明文を持つ観光スポットをDoc2Vecを用いて探してみました。結果として「鴨川シーワールド」が最上位にヒットしました。「鴨川シーワールド」の説明文には、「イルカ、アシカなどはもちろんのことシャチのショーが迫力があって見応えがあります」や「イルカやアシカ、シャチのショーも面白いので必見です」という文が含まれていました。

2.3.4　クラスタリングとK-Means

たくさんのデータをいくつかのグループに分けることをクラスタリングと言います。K-Means（k平均法）は最もよく使われるクラスタリング方法の１つです。K-Meansに沢山のベクトルを入力すると、似たベクトルを所定個のグループに自動的に分けて出力します。Word2Vecでは単語が、Doc2Vecでは文章がベクトル化されていますから、意味が近い単語や、内容が近い文章をグループに分けたいようなときK-Means法が使えます。

先に述べた例を使うと、牛乳、コーヒー、電車、バス、外務省、国家の６単語を、「牛乳とコーヒー」、「電車とバス」、「外務省と国家」の３グループに分けることに相当します。Word2Vecでは、各単語がそれぞれベクトルに変換されていますから、牛乳、コーヒー、電車、バス、外務省、国家の各ベクトルをK-Meansに入力することで、似たベクトルをもつ「牛乳とコーヒー」、「電車とバス」、「外務省と国家」の３グループに分けることができるのです。

では関東地方の有名観光スポット70地点についての説明文を対象とした実験してみましょう。説明文はDoc2Vecでベクトル化されています。

これをK-Means法を使って5つのグループに分ける実験をしました。結果として5グループは以下のようになりました。直感的にですが、似たものがまとまった感があります。

- グループA「高尾山、筑波山、大涌谷、尾瀬ヶ原……」
- グループB「東京ディズニーリゾート、東京ドイツ村、華厳の滝、鶴岡八幡宮……」
- グループC「鴨川シーワールド、袋田の滝、新江の島水族館、八景島シーパラダイス……」
- グループD「マザー牧場、ふなばしアンデルセン公園、上野動物園、群馬サファリパーク……」
- グループE「航空科学博物館、東京タワー、小田原城、鉄道博物館……」

2.3.5　重要単語抽出とTFIDF

TFIDFは自然言語をベクトル化する方法の1つです。ある文章を特徴づける重要単語を抽出したいときなどに使えます。

TFはある単語のある文書内における出現頻度のことです。文章内に出現頻度が多い単語ほどTF値は大きくなり、その単語は重要単語とみなされます。IDFはある単語がいくつの文章で使われているかを表します。多くの文章で共通に使われている単語はあまり重要ではないとみなされます。IDF値は他の文章にあまり出現してないレアな単語ほど、大きな値となります。そうしてTFとIDFを掛け合わせたTFIDFが大きい単語ほど、重要度が高い単語となります。

たとえば「長い口コミ文章の中から重要な名詞を上位5個抽出する」というような用途に使用することができます。例として、口コミA「山と木が高い。山とビルが高い。川がきれい。」と、口コミB「湖と花がきれい。川と湖がきれい。川がきれい。」という2つの文章があったとしましょう。各文章を形態素解析して名詞のみをとりだすと、それぞれ「山 木 山 ビル 川」と「湖 花 川 湖 川」という名詞群になります。TFIDFを計算すると、口コミAでは「山」が最も大きく、また、口コミBでは「湖」が最も大きくなります。よって口コミAでは「山」が、口コミBでは「湖」が最も重要な名詞といえます。口コミBで「川」ではなく「湖」が最も重要な名詞に選ばれたのは、「川」は口コミAと口コミBの両方に使われていて珍しい名詞ではないと判定されたためです。

2.4　旅行先推薦システム「旅ゲーター」

これまで人工知能を用いた自然言語処理の基礎技術について概要を説明してきました。私たちはこの自然言語処理を用いた「口コミ解析と好み診断に基づいた旅行先推薦システム」を開発しました。できるだけやさしくご紹介したいと思います。

2.4.1　システム開発のきっかけ

旅行計画を立てる際にまず何を利用するかとの質問に対し、約85%の人がインターネットを利用するという報告があります[12)]。旅行サイトでは、旅行先について他の人が書き込んだ感想（通称、口コミ）を参考にすることが一般的になっています。旅行代理店から提供される写真や文面以外の多くの情報を知ることができるので大変役に立ちます。また旅に関する質問を書き込むと他の人から有益な回答を得られることも多く、その回答も旅行サイトの口コミ情報として活用されます。

ですが、旅行サイトに登録されている旅行先は非常に多く、さらに各旅行先について書き込まれた口コミ情報も大量です。「旅行の計画を難しいと感じたことがあるか」との質問に対し約７割の人が「そう思う」または「ややそう思う」と回答しており、その理由の第１位が「情報や選択肢が多いため（66.7%）」、第２位が「すぐに好みの情報がみつからないため（52%）」であったと報告されています。数件程度の口コミであれば一つひとつ見ていくこともできますが、数百件の口コミを読むとなると膨大な時間がかかってしまい、すべてを読むのは現実的ではありません。このため適当に目についた口コミをいくつか読むだけで旅行先を選定しなければならないのが実情でしょう。さらに、通常の旅行サイトでは旅行先ごとに口コミが登録されており、行きたい旅行先がまだ決まっていない人には使いにくい面があります。

以上の問題に着目し、口コミ解析と好み診断に基づいた旅行先推薦Webサービス、「旅ゲーター（tabi-gator）」を開発しました。旅行計画を立てる際に多くの旅行情報を閲覧しなくても手軽に旅行先を選ぶことができるようにするシステムです。学習しておいた旅行サイトの口コミ文章からユーザの好みを診断するいくつかの質問を自動的に作成し、各質問にユーザがどのように回答したかに基づいてユーザの好みに適した旅行先を推薦します。質問に回答する際ユーザは、システムが提示した選択肢から好みのものを選ぶだけでよいため、希望する旅行先を手早く簡単に探すことができます。

図を用いて説明します。旅ゲーターのWebページを表示すると図22の画面がWebブラウザに表示されます。

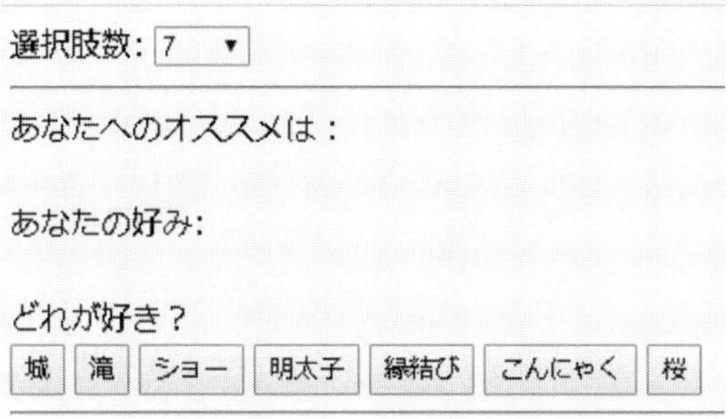

選択肢数: 7
あなたへのオススメは：
あなたの好み:
どれが好き？
城
滝
ショー
明太子
縁結び
こんにゃく
桜

図22　旅ゲーター（最初の質問画面）

選択肢数が７つ並んでいますが、選択肢からユーザが「桜」を選んだとすると、次の質問画面の図23が表示されます。

選択肢数: 7
あなたへのオススメは：
あなたの好み:
桜;
どれが好き？
菜の花
建造
芝
子供
温泉
ネモフィラ

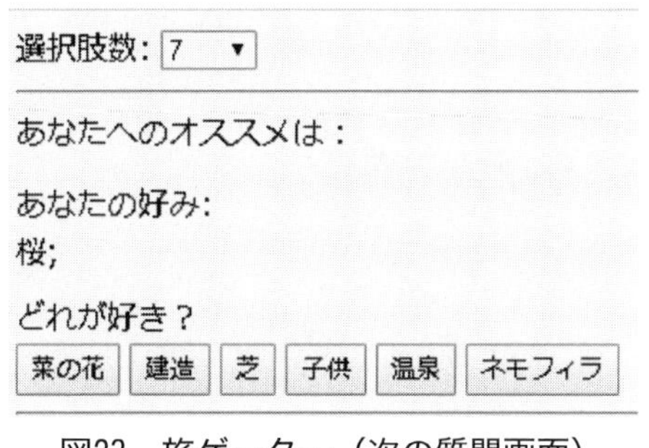

図23　旅ゲーター（次の質問画面）

ユーザが選択した履歴は「あなたの好み：」に表示されます。ここでユーザが「子供」を選んだとすると図24が現れ、おすすめ旅行先の「東京ドイツ村」と口コミ文が表示され、最初の選択肢表示に戻ります。

おすすめ旅行先が確定するまで図23のような質問画面が繰り返し表示されます。

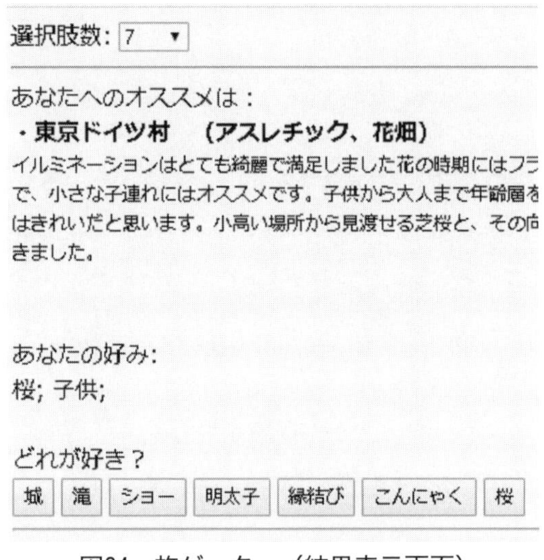

図24　旅ゲーター（結果表示画面）

2.4.2　開発システムの機能

関東地方の有名観光スポット70地点を対象としたWebシステムを開発しました。すべての観光スポットをあわせて、システムに登録されている口コミ総数は509文です。

旅ゲーターが提供する主な機能は、(1)口コミ文章のベクトル化、(2)口コミ文章のクラスタリング、(3)各クラスタの重要語抽出、(4)選択クラスタの再帰的再分割です。

(1) 口コミ文章のベクトル化では、全旅行先の全口コミ文章をDoc2Vecに入力して機械学習し文章をベクトル化します。ベクトルは100次元としました。Doc2Vecに入力する口コミ文章は日本語ですので、MeCabにより形態素解析を行って形態素に分けました。

(2) 口コミ文章のクラスタリングでは、(1)で作成された文章ベクトルをK平均法（K-Means）によって所定個のクラスタ（グループ）に分割します。作成するクラスタ数（選択肢数）はユーザが自由に選べます。

(3) 各クラスタの重要語抽出では、(2)で作成されたクラスタごとに、TFIDF 法を用いて最重要語を抽出します。なお重要語は名詞に限定しました。MeCab の形態素解析機能を用いて名詞だけを取り出してから TFIDF に入れます。そうして、各クラスタから TFIDF 値が最大となった名詞（各クラスタを代表する重要名詞）を1つずつ抽出し、ユーザに選択肢として提示します。具体的には図22のようにWeb ブラウザ上に選択肢ボタンとして表示されます。

(4) 選択クラスタの再帰的再分割について説明します。(3)で表示された選択肢のいずれかがユーザによって選ばれると、その選択肢に対応したクラスタが選ばれたとみなします。選ばれたクラスタは、(2)に戻って K 平均法（K-Means）によって所定個のクラスタに再分割され、さらに、各クラスタに対して同様に(3)(4)の処理が実行されます。そして最終的にユーザが選択したクラスタ内に1つしか旅行先が含まれなくなった時点で、その旅行先を推薦旅行先として Web ブラウザに表示します。

2.4.3　システムの動作

極めて小さいデータセットを用いて実際のうごきを説明します。旅行先は場所 A, B, C, D の4箇所とし、それぞれの旅行先に口コミが1件ずつ登録されていたとします。この場合の全口コミ文は次の通りです。

場所 A	山と木が高い
場所 B	湖と花がきれい
場所 C	川と湖がきれい
場所 D	山とビルが高い

これらの４つの口コミ文は⑴においてDoc2Vecによってそれぞれベクトル化されます。

⑵では、２個のクラスタに分割することとします。⑴で作成された４つの口コミ文のベクトルをK-Meansモジュールに入力した結果、場所Ａと場所Ｄがクラスタ０に、場所Ｂと場所Ｃがクラスタ１に分割されました。大まかに「高い」に関係する場所と「きれい」に関係する場所に分かれる結果となっています。

⑶では、⑵で作成されたクラスタ０とクラスタ１からTFIDFを用いた重要語抽出を行います。このために、次のように場所Ａと場所Ｄの口コミをつなげた２文がクラスタ０の口コミ文章となり、場所Ｂと場所Ｃの口コミをつなげた２文がクラスタ１の口コミ文章となります。

クラスタ０（場所A, D）	山と木が高い。山とビルが高い
クラスタ１（場所B, C）	湖と花がきれい。川と湖がきれい

さらに、MeCabで名詞を抜き出しますので、以下の口コミがTFIDFに入力されることとなります。

クラスタ０（場所A, D）	山 木 山 ビル
クラスタ１（場所B, C）	湖 花 川 湖

結果として、クラスタ０では「山」が最もTFIDF値が大きく、また、クラスタ１では「湖」が最もTFIDF値が大きくなりました。これによってシステムは「山」と「湖」の選択肢を示し、どちらがより好みかをユーザに質問することになります。

⑷においてユーザが「山」を選択したと仮定します。この場合、クラスタ０が選ばれたとみなされますので、クラスタ０に入っている場所Ａと場所Ｄの口コミ文章だけを使って⑵のクラスタリング処理を再実

行することとなります。すなわち、以下の２つの口コミ文のベクトルをK-Meansに入力して２個のクラスタに分割するのです。この結果、場所Ａがクラスタ０に、場所Ｄがクラスタ１に分割されます。

場所Ａ	山と木が高い
場所Ｄ	山とビルが高い

(3)の重要語抽出では、クラスタ０からは「山」と「木」が、クラスタ１からは「山」と「ビル」が抽出されますが、「山」は既に選択肢として表示済みのなので選択肢から除外されます。よって、システムは「木」と「ビル」の選択肢を提示し、どちらがより好みかをユーザに質問することとなります。

(4)においてユーザが「木」を選択したと仮定します。この場合クラスタ０が選ばれたことになりますが、クラスタ０内には場所Ａの１箇所しか旅行先が含まれないため推薦旅行先が確定します。よって「あなたにオススメする旅行先は“場所Ａ”です。」と表示して終了となります。

関東地方の観光スポット70箇所の場合、たとえば、一度に表示される選択肢が３個の場合は約４回、選択肢が４個の場合は約３回、選択肢が７個の場合は約２回選択操作をすればおすすめ旅行先が表示されます。

2.4.4　システムの評価

試作した旅ゲーターをWebサーバ上に構築して評価しました。被験者は大学生８名です。

旅ゲーターを使用した場合と使用しなかった場合を比べるため、比較対象として観光スポット70地点の全口コミ文が入力されている一覧表（エクセル文書）を用意しました。そして旅行先を探すためにかかった時間（秒数）を計測してもらいました。

結果は次の通りです。旅行先を探すためにかかった時間については、旅ゲーターを用いた場合が平均18秒、一覧表を用いた場合が平均149秒となり、旅ゲーターを用いた場合に必要時間が約８分の１に短縮される結果となりました。次に、旅ゲーターを使用した場合と一覧表を使用した場合のそれぞれについて、以下の５段階アンケート（１：あてはまらない～５：あてはまる）に回答してもらいその平均をとりました。

５段階アンケートの結果は表１のとおりです。

表１　旅ゲーターと一覧表を用いて旅行先を探した人へのアンケート調査結果

質問項目	旅ゲーター	一覧表
手軽に行ってみたい旅行先が見つかった	4.4	1.9
楽しく旅行先を見つけることができた	4.0	1.8
行ってみたい旅行先が見つかった	4.3	2.9

旅ゲーターを使用した場合に最も使いやすいと感じた選択肢数はいくつであったかを尋ねました。その結果、選択肢数３が１名、５が５名、７が１名、９が１名でした。

選択肢の数についてはコロンビア大学教授のアイエンガー（Sheena Iyengar）[13] らの興味深い実験があります。スーパーマーケットのジャム試食コーナーにおいて、６種類のジャムを陳列した場合と、24種類のジャムを陳列した場合とを比較した実験です。６種類の場合は40％の人が試食コーナーで立ち止まってその中の30％の人が購入した一方で、24種類の場合は60％の人が立ち止まったもののその中の３％の人しか購入しませんでした。結果としてジャムの購入件数は６種類の場合が、24種類の場合の約６倍だったのです。このことから、選択肢数の増加が選択結果の満足度を低下させ、結果として選択行動そのものを放棄させる場合があると述べています。

また大学生を対象にチョコレートの選択行動を観察した実験では、30種類から最も好みのものを選択した場合と、6種類から最も好みのものを選択した場合とを比較した場合に、6種類から選んだ方が、選択したチョコレートに対する満足度が高く、選択したチョコレートをより美味しいと感じた人が多かったと報告しています。アイエンガーは選んだ結果について満足度が高いのは選択肢数が5〜9（7±2）の場合が多いと述べています。

2.5　飲食店検索システム「食探」

私たちは旅ゲーター以外も「食探（しょくたん）」という自然言語処理 AI をつくりました。

たとえば飲食店を検索することができる通称グルメサイトでは、旅行サイトと同様に他の人が書き込んだ口コミを参考にすることが多々ありますが、書き込みが多い店では数百から数千件もの書き込み数になる場合があります。さらに、口コミには多種多様な情報が含まれており、行きたい店を見つけるのに不要な情報も多くあります。自分が知りたい内容にたどり着くには多くの時間がかかってしまいます。

そこで、美味しい料理が食べられる料理店を手早く探すことができるようにする Web システム「食探」を開発しました。システムにはライブドアグルメのデータセット[14]に登録されている飲食店21万4千件、口コミ数20万6千件の情報が入っています。

ユーザーがどのような料理が食べたいかに関する自分の希望や質問を日本語自然文で入力すると、あらかじめ機械学習しておいたグルメサイトの口コミデータセットから、入力文に類似した口コミが多い飲食店を検索します。全口コミ文章をDoc2Vecであらかじめベクトル化していますので、ユーザーが入力した日本語自然文に近い文章を高速に検索できるようになっています。

また、口コミ文章をそのまま表示するのではなく、料理名と料理を評価する語の両方が含まれている文だけを抜き出して要約表示します（文とは句点から句点までの文字列を指します）。要約表示をするために、大量の料理名が登録されてるデータベース[15]を用いて料理名が含まれている文を抽出する機能と、「美味しい、香ばしい、ふわふわ、ふんわり、パリパリ」などの料理を評価する用語が大量に登録されたデータベース[16]を用いて評価用語が含まれている文を抽出する機能が搭載されています（図25）。

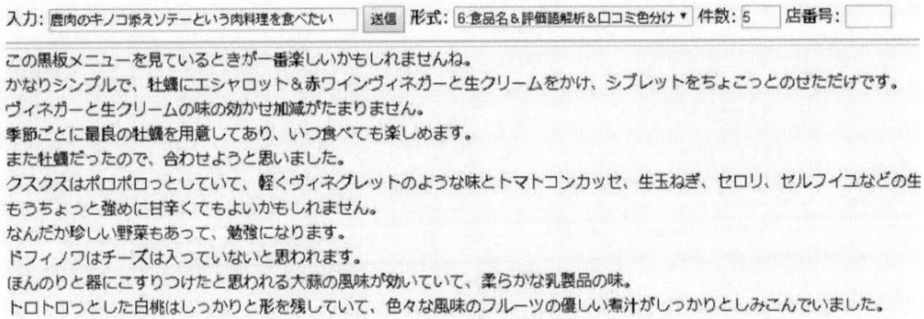

入力: 鹿肉のキノコ添えソテーという肉料理を食べたい　送信　形式: 6:食品名&評価語解析&口コミ色分け ▾　件数: 5　店番号:

この黒板メニューを見ているときが一番楽しいかもしれませんね。
かなりシンプルで、牡蠣にエシャロット＆赤ワインヴィネガーと生クリームをかけ、シブレットをちょこっとのせただけです。
ヴィネガーと生クリームの味の効かせ加減がたまりません。
季節ごとに最良の牡蠣を用意してあり、いつ食べても楽しめます。
また牡蠣だったので、合わせようと思いました。
クスクスはポロポロっとしていて、軽くヴィネグレットのような味とトマトコンカッセ、生玉ねぎ、セロリ、セルフイユなどの生
もうちょっと強めに甘辛くてもよいかもしれません。
なんだか珍しい野菜もあって、勉強になります。
ドフィノワはチーズは入っていないと思われます。
ほんのりと器にこすりつけたと思われる大蒜の風味が効いていて、柔らかな乳製品の味。
トロトロっとした白桃はしっかりと形を残していて、色々な風味のフルーツの優しい煮汁がしっかりとしみこんでいました。

図25　食探の要約表示

たとえば、ある洋食店の口コミ文章から要約文に選ばれた文は以下のようなものでした。

- パリパリなクラストが香ばしく、バターもミルキーで美味しかったです。
- 牡蠣のフリットは香ばしい衣の中にミルキーな牡蠣がとても美味し

く、単品としていただきたいほどでした。
- スズキには白子のソテーが添えられていて、香ばしい焼き具合の表面とクリーミーな中身の組み合わせが良く美味しかったです。

一方、要約文に選ばれなかった文は以下のようなものでした。

- ソムリエとシェフがお店の外まで見送りに出て下さいましたが、なかなかタクシーが捕まらなくて待たせてしまいました。
- 今回、ブーダンノワールをいただくことが出来なかったので、また別の機会に伺ってみたいと思っています。
- 同行者が持ち込んだスパークリングワインで乾杯です（写真はブログにて公開しています。よろしかったらご覧ください）。

この方法により、口コミ文章を約５分の１の文字数に短くすることができました。食探を使った実験被験者からのコメントは以下のようなものでした。

- 美味しい料理の部分が抽出されていてすぐわかった
- 食べたい料理が早く見つかった
- ちょうどよい。流し読みができる
- 一番知りたいところわがかりやすい

このように概ね良い評価が得られました。

第3部

AIと私たちの暮らし

AIと私たちの暮らしについて考えます。これまでのAIの進化過程を見れば、これからのAIとの付き合い方が見えてくるかもしれません。

3.1　身の回りにあるAI

現在の人工知能の能力の高さを示すのに、2016年にコンピューターが初めて人間の囲碁世界一チャンピオンに勝利したという話題がよくとりあげられます。有名なボードゲームの中には他にもチェスや将棋などがありますがチェス、将棋、囲碁の順にコンピューターで問題を解くことが難しくなっていきます。

チェスについては、1997年にIBMの「Deep Blue（ディープブルー）」というコンピューターが当時のチェス世界チャンピオンに勝利しました。また将棋についてはコンピュータープログラム「Ponanza（ポナンザ）」が現役のプロ将棋棋士に初めて勝利して大変な話題となりました。将棋はチェスと違って相手から獲得した駒を自分の持ち駒として使えることからコンピューターで考える組み合わせが飛躍的に多くなるため大変扱うのが難しい問題とされてきました。

さらに囲碁については、オセロ・チェス・将棋に比べ駒（碁石）を置ける場所が圧倒的に多いため、コンピューターが人間に勝つことは相当遠い先の話であろうと言われてきました。その中で2015年、グーグル・ディープマインド社の「AlphaGo（アルファ碁）」というコンピュータープログラムが人間のプロ囲碁棋士を初めて破るというニュースが飛び込んできました。AlphaGo は過去に人間が行ってきた囲碁の棋譜を全て学習し、それを用いて人工知能同士で対戦して強くなるという方法によって強くなったプログラムです。そして2017年、同じくグーグル・ディープマインド社が開発した「AlphaGo Zero」は2015年のアルファ碁に対し圧倒的な勝利を収めました。AlphaGo と AlphaGo Zero の違いですが、AlphaGo Zero の場合は人間の過去の棋譜を覚えるということを一切しなかったことが挙げられます。AlphaGo Zero に与えたのは基本的な囲碁のルールだけで、そのルールをもとに、AlphaGo Zero 同士が対戦を繰り返して勝ち方を勉強しました。これを３日間かけて行っただけで、2015年の AlphaGo に100戦100勝するまでになったといいます。人間が2000年以上かけて生み出してきた囲碁の攻略方法を、AlphaGo Zero はごく短時間でマスターしさらに凌駕してしまいました。基本的にはコンピューターは人間の知識を使って働くものですが、現在の人工知能は人間が知らない知識を獲得しそれに基づいて作業をします。すなわち人間以上に能力を獲得する可能性があるわけです。

ここで AI と私たちの暮らしの関係に着目しましょう。AI 技術の発展にともない家庭に AI が導入されることも珍しくなくなりました（図26）。

最近「スマートスピーカー」と呼ばれる家庭用に開発された家電機器が流行しています。製品としては Alexa（アレクサ）やグーグルホームが有名です。人間が喋るだけでテレビをつけてチャンネルを変えたり、エ

スマートスピーカー

ロボット掃除機

図26　AIと私たちの暮らし

アコンの温度を変化させたり、電灯をつけたり消したりできます。同様の機能がスマートフォンにも備わっており、たとえばスマホに話しかけるだけで好きな音楽を再生したり、カーナビソフトに対して近所のガソリンスタンドの場所を問い合わせたり目的地を再設定したり、しゃべった言葉を文字にしてそれをメールで他の人に送るというようなことができます。

自動運転に対する期待も高まっています。車間が詰まりすぎた場合に自動ブレーキをかけてくれたり前の車との距離を一定に保つ補助をしてくれたりする自動車は既に市場に出ています。このような自動運転は「運転支援」レベルと呼ばれます。これから期待されているのは「条件付運転自動化」レベルです。システムが一定の条件下で運転を実施しますが緊急時などシステムからの要請があれば人間が操作を代わりをします。このシステムであれば、ドライバーは走行中に携帯電話の操作やテレビの視聴が許可されます。これを目標として法整備や技術開発が進められている段階です。

家事もAIの登場で変わってきました。たとえば掃除についてはアイロボットの「ルンバ」が有名です。これは部屋の中を自動で掃除をしてくれるロボット掃除機です。ルンバは人工知能を搭載しており、部屋の中を動き回って部屋の間取りを学習し、ソフトウェアをアップデートしていくことで徐々に賢くなっていきます。さらにゴミの多さを感知し、ゴミの多いエリアを丹念に掃除するということができる機種もあります。カーペットの掃き掃除だけでなくフローリングを拭き掃除するロボットも登場しています。

ロボットは人工知能応用として非常に期待されています。たとえば災害救助や被災地復旧のロボットは人間の代わりに危険な場所に出向いて作業をしてくれるということで期待がかけられています。要救助者を発見したり、まだ道が復旧していないところにドローンで物資を搬送したり、人間が入っていけないような狭い場所に入りこんでがれきを撤去したりします。有名なものに2004年に登場したボストン・ダイナミクス社の BigDog（ビッグドッグ）と言われる４足歩行ロボットがあります。タイヤがついたロボットでは進めないような険しい坂を、４足歩行で登ったり段差を越えたりできます。さらにロボットを横から押して倒そうとしても、４本の脚をうまく制御して倒れないように巧みにバランスを取ります。

私たちの生活環境がどのように変わるかに関しては、IoT（Internet of things）の動向に注目が集まっています。IoT は「あらゆるモノがインターネットにつながること」を指しますが、これが AI と大きく関係しています。AI にはデータが最も重要ですが、データの収集方法は時代とともに変化してきました。インターネットが浸透してから検索エンジンやウェブサイト上のデータを収集して様々なサービスを提供する企業が現れました。Google のコンテンツ連動広告や、Amazon のレコメンドが代表的な例です。次にスマートフォンが普及し、位置情報などのデータも集められるようになり、より正確な広告やリコメンドができるようになりました。

これから期待されているのが IoT から集まる大量のデータです。パソコンやスマートフォンのみならずあらゆる家電から大量にセンサーデータが集まると、個人や家庭にあわせたよりきめ細やかな商品推薦がなされるでしょう。大部分の推薦はAIが自動的に行うものになるでしょう。

また医療も私たちの暮らしにとって欠かせないものです。医療分野では画像からがんを見つける人工知能が登場してきました。たとえば、2018年の英医学誌「Annals of Oncology」は、悪性黒色腫（皮膚がん）と良性の腫瘍、ほくろを正しく識別できた割合は、皮膚科医の場合86.6％だったが、CNNは95％に達したと報告しています[17)]。この実験には17カ国の58人の皮膚科医が参加しています。いまや画像認識の分野では人間の専門家の能力を超えた識別能力があるとも言われています。

人工知能はこれからの私たちの暮らしに深く関わっているのです。

3.2　AIのさらなる進化

歴史的に見ると人工知能にはブームの時期がありました。現在第３次ブームにあると言われています。1956年、人工知能（Artificial Intelligence）という言葉が誕生しました。その頃から1960年代までが第１次ブームと言われます。第１次ブームの中心は「探索」あるいは「推論」でした。たとえば、迷路問題では迷路の道のりを総当たりで探索することで出口につながる経路が見つかります。このように探索では、シンプルな条件をいくつか設定しておき、その条件が適合するまで繰り返し問題解決を試すことが行われます。また推論では、人間の思考過程を記号で表現して数学の定理を自動的に証明するなどの用途に使われました。このように第１次ブームでは、単純なルールをコンピューターに入力しておくだけで世の中の複雑な問題を解決できる人工知能が作れるのではないかと夢見られました。しかしながら迷路を解いたりパズルを解いたりという単純な問題については対処できましたが、現実に世の中で起きる複雑な問題には対応できないということがわかりブームは去りました。

第２次ブームは1980年代から1995年頃までと言われています。中心になったのは「エキスパートシステム」あるいは「知識ベース」と呼ばれる人工知能です。人間の専門家の知識をコンピューターにできるだけ大量に入力しておいて利用するという方法です。専門家が持つ膨大な知識を全てコンピューターに入力することで現実的な問題が解決できるのではないかという発想がベースとなっています。しかしながら進めてゆくと、専門家から知識を入手してそれを正しくコンピューターに入れることは難しいという問題にあたりました。たとえば、専門家からヒアリングを数多くするとその中に矛盾した知識がどうしても現れます。また別の専門家に聞くと違うことを言われます。全て正しいルールを用意するということはできないのです。また専門家が言っていなかったような例外的なできごとが現実世界では少なからず発生します。そのような例外が頻繁に起きて実際にはなかなかうまく使えないことがわかりブームは去りました。前述した「過去の AI」は第１次・第２次ブームにおいて主に研究されたものです。

第３次ブームは2010年代に始まったと言われています。2012年、画像認識に関する有名な競技会（ILSVRC：ImageNet Large Scale Visual Recognition Challenge）において初登場したディープラーニングプログラム（AlexNet）が、それまでのプログラムに圧倒的な強さで勝利しました。画像（図27参照）の中に何が映っているかをどれだけ正しく言い当てられるか競う競技会です。世界的に有名なメーカーや研究機関が認識誤り率26～28％の辺りで競っていたところ、初出場したトロント大学のプロ

図27　画像認識問題の例（Imagenet）

グラムが認識誤り率16％をたたきだしました。圧倒的な認識率の違いです。

従来のプログラムは、画像のどこに着目して物体を認識するか（特徴量）を人間が苦心して見つけ出し、それをコンピューターに入力して物体を認識していました。たとえば、数字の１と７の違いは「１は縦方向にピクセルが並んでいるだけであるが、７は縦方向にピクセルが並んでいるだけでなく、上部に横方向にピクセルが並んでいる部分も有する」というような特徴量（実際はこれほど単純な特徴量は使いませんが）を人間がコンピューターに教えていました。一方トロント大学のプログラムは、人間が見つけた特徴量を使うのではなく、コンピューター自身が特徴量を見つけ出してそれに基づいて物体を言い当てるようになっていました。AlexNetはディープラーニングの技術を取り入れたニューラルネットでした。

次いでこのブームは、優れたAIライブラリ（フレームワーク）が一般に無料公開されたことによって牽引されました。特に2015年にはTorch、Keras、Chainer、TensorFlowといった有名なAIライブラリが公開され、それを多くの研究者やエンジニアが利用することができるようになりました。人工知能のプログラムを自分で一から作成することは難しいですが、これらの公開されているAIライブラリを使えば誰でも作成可能になります。また、インターネットから大量のデータを入手できるようになったことも忘れてはなりません。ニューラルネットあるいはディープラーニングと呼ばれる新しいAIに一番必要なものはデータです。データがあればコンピューター自身が学習して知識を獲得し自ら賢くなることができます。

2012年以降、ILSVRC競技会においては2014年のVGG、2015年のResNetなど現在でも使われることが多い有名なディープラーニングプログラムが発表されました。そして2017年には多くの参加プログラムの認識誤り率は5％に到達しほぼ当初の目標をクリアしたことから、2018年からはより難しい画像認識課題に取り組む大会に変わっています。このようにして、現在の第3次ブームが巻き起こっています。前述した「新しいAI」は第3次ブームにおいて主に研究されているものです。

3.3 AIで変わる私たちの暮らし

AIと私たちの暮らしについて、これまで既に存在する製品やサービスについてお話してきました。次は、これからどうなるのか、私たちの暮らしの何がどう変わるのか、第２部で述べた自然言語処理や行動認識がどのように関わってくるのかという観点からお話したいと思います。

ここでは、私達の暮らしや生活に密接に関係している福祉・介護を例にとりあげます。内閣府が行った調査によると2040年には日本の国民の３人に１人が65歳以上の高齢者になると予想されています[18]。このような日本の状況を考えると福祉や介護の問題は私たちの暮らしにとってこれからますます重要な位置を占めることは明らかです。この問題を題材として AI で変わる私たちの暮らしについて考えてみたいと思います。

福祉・介護に関係する技術としては介護ロボットを思い浮かべる人が多いのではないでしょうか。ロボットに対する一般的なイメージはコンピューターが人間のように行動したり働いたりする姿でしょう。これまでロボットは定型的な作業を人間に代わって行う機器として捉えられてきました。しかし新しい AI を搭載したロボットに期待されているのは非定型業務を対象とした分野です。福祉や介護もこのような非定型業務の１つと考えられるでしょう。これまではこのような高度な作業は人間にしかできないと考えられてきました。

ロボットが福祉や介護の分野で貢献できるようになるためには、人間のように見たり聞いたり話したりする能力を持つことが不可欠です。先に述べたように、新しい AI は音声認識や意味解釈の性能を飛躍的に向上させることに成功しました。今やこれらの「自然言語処理」は実用的な用途で広く利用され、しゃべるだけで家電をコントロールしたり、好みの音楽をかけたり、知りたい情報を検索できるようになっています。人間を相手とする福祉や介護に人工知能ロボットが利用できる可能性が高まったと言えるでしょう。

例として認知症について考えます。2012年時点で65歳以上の高齢者の約７人に１人が認知症であると言われており、家庭において非常に大きな問題になっています。さらに高齢化が進んだ2025年には65歳以上の約５人に１人が認知症になるとの推計もあります[19]。認知症については歩行速度や距離、物忘れや言い淀みの頻度を観察することで早期発見が可能になると言われています。歩行については、足腰に問題がないのに秒速80cm以下であればMCI（軽度認知障害）の可能性があると判断され、秒速１m以上であればMCIではないと判断されます。より詳しくは、歩幅が狭い、ふらつきやすいといった状態をともなう場合も認知症が疑われます。しかし医者を訪ねたり家族が注意深く観察していなかったりした場合には、この症状に気づくことは困難です。いつも一緒にいる家族であるからこそ、少しずつ変わってゆく行動変化に気づきにくい面もあります。

人間でも発見が難しかった軽度の認知症を、新しいAIはより早期に発見できる可能性があります。対象者がセンサーを常に携帯していれば、AIによってセンサーデータの変化を察知することができるでしょう。MCIは「まだ認知症まではいかないが健常ではない」、または、「数年後に認知症に移行する可能性がある」状態を指しますが、日常的にセンサーデータを集めてAIで分析することで、MCIの段階で兆候を察知し、家族やケアマネージャーに伝えることができるでしょう。また、センサーは人に取り付けるだけでなく冷蔵庫、電気ポットなどの家電や手すり、階段などの家具に取り付け、それを人間がどのように扱ったかをセンシングすることで間接的に検知することも可能です。

また先進的な取り組みとして期待されているのが画像認識とセンサーを組み合わせて人間の行動を認識する技術です[20]。センサーは局所的な動きを捉えるのに対し、画像認識は身体全体の動きを捉えることができます。画像の学習については第２部で述べたCNN（畳み込み型ニューラルネット）が利用されるでしょう。物体認識等に使用されることの多い

CNN はここ数年で飛躍的に性能が向上しました。CNN と RNN（再帰型ニューラルネット）を組み合わせれば、人の動的な動きを効果的に学習することができます。

画像認識とセンサーを組み合わせる方法では、人間の行動を AI に学習させる時にはカメラ映像と人体に取り付けたセンサーとをあわせて学習させます。カメラ映像を入力データとして、センサーデータを教師データとして人工知能に学習させるのです。人間が手動で教師データを与えるより、センサーから取得した微小な行動変化とカメラに写った人物の行動変化を対応付けて学習することで、人間ではできなかった高精度な行動認識が可能となります。一方、学習した人工知能を使って人間の行動認識をする際には体にセンサーを取り付ける必要はありません。

日常的な行動を AI が分析し、少しでも早い段階で認知症かどうかを診断することができれば、重症化する前に医師の診断を仰ぐことができ治療の可能性が広がります。遺伝子情報の解析を AI によって行う研究も進んでいます。これらの技術により病気が発症する前に未然にその病気に備える未病先防（みびょうせんぼう）の医療が登場するでしょう。

日本は、世界に先駆けて超高齢社会に突入しました。わたしたちの暮らしにおいて AI 技術の重要性はますます高まることでしょう。

あとがき

お疲れさまでした。本書の内容はわかりやすかったでしょうか。第1部で紹介した白い玉と黒い玉を仕切る人工知能のデモンストレーションは、本来であれば実際に動いている様子を著者自らみなさまにお見せしたいところです。

『2001年宇宙の旅』という非常に有名な映画があります。この映画は1960年代に作られた映画ですが2001年には宇宙を自由に旅行できる時代が到来しているという内容のSF映画です。その宇宙船にはHAL9000という人工知能が搭載されていましたが、この人工知能が人間の命令を聞かず宇宙船を支配しようとします。ガラス越しに人間同士の話している言葉をその唇の動きを認識することによって読み取り、コンピューターを停止させようとしている人間たちの企てを阻止し宇宙船を支配することに決めたというストーリーです。

音声を聞くことなく唇の動きだけで話の内容を言い当てる技術は読唇術と言われます。読唇術の人間の専門家は12%の成功率で何をしゃべっているか言い当てることができると言われています。これに対し現在の人工知能を使って認識をすると、約47%の正しさで言い当てることができるようにまでなっています[21)]。専門家が知らない知識を人工知能が獲得しているのです。

「シンギュラリティ」が話題になることがあります。シンギュラリティとは「人工知能が人間に代わって文明の進歩の主役になる時点」を指します。人工知能が自分より賢い人工知能を作れるようになった時からいくらでも知能の高いロボットが次々と生まれ、それが人間を支配することになると考えられています。そのようなシンギュラリティが2045年に到来すると予測する研究者もいますが、それを否定する研究者も少なくありません。AI にまつわる進化が目覚ましい現状では、シンギュラリティが到来するか否か、予測することは難しいでしょう。

本書を通じてどのようなご感想をお持ちになりましたでしょうか。少しでも多くの方が AI システムに興味を感じていただけたら幸いです。本書を手にとっていただいてまことにありがとうございました。

注

1）Benenson, Rodrigo：Classification datasets results, http://rodrigob.github.io/are_we_there_yet/build/classification_datasets_results.html
2）Chollet, Francois：Building Autoencoders in Keras, The Keras Blog, https://blog.keras.io/building-autoencoders-in-keras.html（2016.5.14）
3）1）に同じ。
4）ウィステリア製薬株式会社：「子どもの歯みがきに関する調査」調査結果 子供の歯磨きの重要性を認識している人でさえ約9割のママが適切な方法で十分な歯磨きをできていないと実感“幼少時の虫歯と将来の全身疾患の関係”への認識の差が浮き彫りに、PR TIMES、https://prtimes.jp/main/html/rd/p/000000003.000019240.html
5）井上明人：ゲーミフィケーション－〈ゲーム〉がビジネスを変える、NHK出版（2012）
6）工藤拓：MeCab－Yet Another Part-of-Speech and Mor-phological Analyzer, https://taku910.github.io/mecab/
7）models. word2vec－Word2vec embeddings, gensim-topic modelling for humans, https://radimrehurek.com/gensim/models/word2vec.html（2019）
8）ベクトルとは向きと大きさを持つ量のことで、その向きと大きさは原点から伸びた矢印としてよく表記されます。たとえば2次元平面上（XY平面）においてあるベクトルが（3, 4）と書かれていると、それは原点からX方向に3、Y方向に4伸びた矢印として表されます。矢印の向きが近いベクトルを似ているベクトルと呼ばれます。(3, 4）と（3, 5）は似ていますが、(3, 4）と（-3, 5）は似ていません。また、3次元空間（XYZ空間）において（3, 4, 5）と書かれていると、それはX方向に3、Y方向上に4、Z方向に5伸びた矢印となります。人間は4次元以上のベクトルを概念的に把握することは難しいですが、Word2Vecは人間が使うすべての各単語を200次元程の空間における矢印として記憶します。
9）正確には、Word2Vecの入力層と出力層には文章に存在する語彙数だけの神経細胞があります。使う単語に1、使わない単語に0を与えて人工知能に学習させます。例えば文が「朝に牛乳を飲む」の場合、入力層側は“朝”、“に”、“を”、“飲む”を1としてそれ以外の語は全て0とします。出力層側は“牛乳”を1としてそれ以外の語は全て0とします。そうして入力層と出力層の両側から人工知能に学習させます。

10) Lau, Jey Han and Baldwin, Timothy：An Empirical Evaluation of Doc2Vec with Practical Insightsin to Document Embed-ding Generation, Cornell University, https://arxiv.org/abs/1607.05368（2016.7.19）

11) TFIDFを用いて文書をベクトル化する方法もあります。文章中の各単語のTFIDF値をそのまま文章ベクトルとして扱う方法です。単語の出現回数のみを使いますので単語の共起関係はベクトルに反映されません。

12) 旅工房：〈最新！旅行意識調査〉7割が旅行の「計画疲れ」に悩む！気づくといつも同じ「マンネリ族」を6割以上が経験！～プロがあなたに代わって旅行計画！旅工房の「コンシェル旅」が本格始動～、https://www.tabiko-bo.com/company/news/press/2018/06/180605

13) アイエンガー，シーナ：選択の科学－コロンビア大学ビジネススクール特別講義、文藝春秋（2010）

14) livedoorグルメのData Setを公開、livedoor Tech Blog、http://blog.livedoor.jp/techblog/archives/65836960.html（2011.5.20）

15) 『日本の食生活全集』データベース、ルーラル電子図書館、http://lib.ruralnet.or.jp/yougo/dentou/a.phtml

16) 早川文代：おいしさを評価する用語、日本調理科学会誌 Vol. 41, No. 2, pp. 148～153（2008）

17) ガンダー，カシュミラ：癌の早期発見で、医療AIが専門医に勝てる理由、Newsweek日本版、https://www.newsweekjapan.jp/stories/technology/2018/11/ai-43.php（2018.11.14）

18) なぜAIは医療を変えるか－企業の事例から読み取る医療AIの可能性、AINOW, https://ainow.ai/2018/12/13/158185/（2018.12.13）

19) 同前。

20) 株式会社日立製作所、見通しのよくない状況でも、人の小さな動きを認識できるAI技術を開発－映像とセンサー情報を組み合わせて学習することにより、判別しにくい行動の認識精度を最大53％向上できることを確認、https://www.hitachi.co.jp/rd/news/topics/2019/1220.html（2019.12.20）

21） Vincent, James：Google's AI can now lip read better than humans after watching thowsands of hours of TV － The AI System annotated TV footage with 46.8 percent accuracy, https://www.theverge.com/2016/11/24/13740798/google-deepmind-ai-lip-reading-tv（2016.11.24）

付　　録

A.1　白い玉と黒い玉を仕切るプログラム

```
#-*-coding: utf-8 -*-
import numpy as np
import matplotlib.pyplot as plt
from chainer import Variable, optimizers, Chain
import chainer.functions as F,chainer.links as L
np.random.seed (0)

# 脳の構造（中間層 1 層）:
class MLP(Chain):
    def __init__(self, n_units, n_out):
        super (MLP, self).__init__ (
            l1=L.Linear (None,n_units),
            l2=L.Linear (n_units,n_out),
        )
    def __call__(self, x):
        h1 = F.tanh(self.l1(x))
        y=self.l2 (h1)
        return y

print ("Reading csv file...") # データの読み込み（X 座標、Y 座標、色）
data=np.loadtxt ("data.csv",delimiter=",")
XY = data[:,np.arange(data[0].size-1)] #X 座標と Y 座標
T = data[:, (data[0].size-1)] # 色
plt.scatter (XY[:,0], XY[:,1], s=30, c=T, edgecolors="black",
cmap=plt.cm.gray) # 玉の描画
plt.savefig ("in.png") # 画像ファイル出力
```

```
model = L.Classifier (MLP (3,2)) # MLP (中間数、出力数)

print ("Training...") # 学習 (脳を作る)
optimizer = optimizers.Adam ()
optimizer.setup (model)
xy = Variable (np.array (XY, dtype=np.float32))
t = Variable (np.array (T, dtype=np.int32))
for _ in range (10000):
   optimizer.update (model, xy, t) # 学習処理

print ("Predicting...") # 推測 (脳を使う)
x_min,x_max=XY[:,0].min () ,XY[:,0].max ()
y_min,y_max=XY[:,1].min () ,XY[:,1].max ()
h = 0.01# 塗りつぶし点の間隔
xx,yy=np.meshgrid (np.arange (x_min,x_max,h) ,np.arange (y_
min,y_max,h))
xy_data=np.c_[xx.ravel () ,yy.ravel ()]
xy_mesh = Variable (np.array (xy_data,dtype=np.float32))

p = model.predictor (xy_mesh) # 推測処理
ans = np.argmax (p.data,axis=1)
col= ["lightgray" ,"gray"]
for t in np.unique (ans):# 塗り潰し
  plt.scatter (xy_data [ans==t,0] ,xy_data [ans==t,1], c=col
[t])
plt.scatter (XY[:,0], XY[:,1], s=30, c=T, edgecolors="black",
cmap=plt.cm.gray) # 玉の描画
plt.savefig ("out.png") # 画像ファイル出力
```

著者紹介

市村　哲（いちむら　さとし）

大妻女子大学社会情報学部教授。京都府出身。慶應義塾大学理工学部卒業、同大学大学院理工学研究科博士課程修了。博士（工学）。主著：『IT Text 基礎Web 技術』『IT Text 応用 Web 技術』（以上、オーム社）。

〈大妻ブックレット 4〉

AI のキホン
人工知能のしくみと活用

2020年 7 月22日　第 1 刷発行　定価（本体1300円+税）

著　者　市　村　哲
発行者　柿　﨑　均
発行所　株式会社 日本経済評論社
〒101-0051　東京都千代田区神田駿河台1-7-7
電話　03-5577-7286　FAX　03-5577-2803
URL：http://www.nikkeihyo.co.jp

表紙デザイン＊中村文香・装幀＊徳宮峻
イラスト＊高野正美（NPO 法人 ちいきの学校デザイン室）
印刷＊文昇堂・製本＊誠製本

乱丁・落丁本はお取替えいたします。　Printed in Japan

ISBN978-4-8188-2563-5 C1055

大妻ブックレット

①	女子学生にすすめる60冊	大妻ブックレット出版委員会編	1300円
②	英国ファンタジーの風景	安藤聡著	1300円
③	カウンセラーになる 心理専門職の世界	尾久裕紀・福島哲夫編著	1400円
④	AIのキホン 人工知能のしくみと活用	市村哲著	1300円

表示価格は本体価（税別）です。

日本経済評論社